无公害蔬菜规模化生产
合理施肥和病虫草害防治技术

WUGONGHAI SHUCAI
GUIMOHUA SHENGCHAN
HELI SHIFEI HE
BINGCHONGCAOHAI
FANGZHI JISHU

文范纯　习再安　蒋阳德　编著

化学工业出版社
·北京·

图书在版编目（CIP）数据

无公害蔬菜规模化生产合理施肥和病虫草害防治技术/
文范纯，习再安，蒋阳德编著. —北京：化学工业出版
社，2014.1
ISBN 978-7-122-18719-2

Ⅰ.①无… Ⅱ.①文…②习…③蒋… Ⅲ.①蔬菜-施肥-
无污染技术②蔬菜-病虫害防治-无污染技术 Ⅳ.①S630.6
②S436.3

中国版本图书馆 CIP 数据核字（2013）第 247340 号

责任编辑：邵桂林　　　　　　　文字编辑：张春娥
责任校对：吴　静　　　　　　　装帧设计：孙远博

出版发行：化学工业出版社（北京市东城区青年湖南街 13 号　邮政编码 100011）
印　　装：大厂聚鑫印刷有限责任公司
850mm×1168mm　1/32　印张 4½　字数 81 千字
2014 年 1 月北京第 1 版第 1 次印刷

购书咨询：010-64518888（传真：010-64519686）　售后服务：010-64518899
网　　址：http://www.cip.com.cn

定　　价：18.00 元　　　　　　　　　　　版权所有　违者必究

前　言

在蔬菜栽培体系中，各项技术相互作用、缺一不可，合理施肥也是其中重要的一项技术，俗话说"庄稼一枝花，全靠肥当家"，庄稼人没有哪个不知道这个道理的。然而，也不是说施肥越多越好。相反，如果肥料施得太多，不但造成肥害，轻者减产，重者更是绝收。因此，对蔬菜生产而言，要想获得优质高产，在蔬菜栽培的施肥技术上，应特别强调"合理"二字。

蔬菜的病、虫、草害，是影响蔬菜生产产量、质量和效益的主要因素之一，蔬菜的病、虫、草害防治技术的好坏，直接关系到蔬菜生产的成败，是蔬菜生产中比较关键的技术之一。

对于蔬菜病、虫、草害，若要求生产者能一一诊断出具体名称，笔者认为那是不现实的，哪怕是专业技术人员，要做到这一点也很难，同时这也是没有必要的，因为一种药剂能治多种病虫害，或某种病虫草害又能用多种药剂进行防治。但我们在这里应强调的是，我们的蔬菜规模化生产者，对于田间蔬菜生产情况是哪类病、虫或草害，该用哪类药剂，如能有所了解，对于实现高产稳产、确保质量安全、提高经济效益，则是有百利而无一害的。

笔者在十多年的调查了解中发现，有一部分蔬菜生产者，特别是规模化生产的企业主，对蔬菜的病、虫、草害的发生发展规律缺乏了解，对其为害的严重性认识不足，因而在蔬菜生产中对其防治缺乏足够的认识；又因对其防治技术缺乏系统而全面的认识，往往在生产中出现重治轻防的情况（特别是对于病害），导致最终造成一定的经济损失。同时，也由于对其防治药剂的特性缺乏了解，盲目用药的现象较为普遍，有的甚至对于施药的作用也不是很了解，于是出现隔一段时间就用一次药的状况，最终是药也使用了，但却没有收到一定的效果。

如何实现蔬菜栽培的合理施肥和科学而有效的病虫草害防治，特别是蔬菜的规模化生产，笔者针对当前蔬菜规模化生产在施肥方面和对病虫草害的防治技术上出现的问题，并根据无公害蔬菜规模化生产的特点和相关资料，结合自己多年来的研究、调查了解，编写了这本《无公害蔬菜规模化生产合理施肥和病虫草害防治技术》一书，意在对蔬菜规模化生产有所帮助。

在本书中，笔者介绍了农家有机肥和当前主要化学肥料的特性及主要养分含量；重点介绍了根部施肥的测土配方施肥计算方法以及在测土配方施肥计算时应考虑的几个问题；同时还介绍了施肥方法与具体要求。在本书中，考虑到部分植物生长调节剂的作用，笔者还把植物生长调节剂与叶面施肥归纳在营养调控与叶面施肥技术中，一并予以推荐和说明。本书也介绍了病虫草害的一些主要特征、分类、诊断、发生发展规律、防治药剂及使用基本方法、防治原则和主要防治措施等。

本书语言通俗易懂，实用性和可操作性强，适合广大蔬菜生产专业户、企业以及农业科技工作者参考阅读。

我们在研究、调查和编著过程中，得到了相关部门领导和专家的支持与指导，同时也得到了蔬菜生产者的配合与支持，谨此一并致谢。

由于时间仓促，加上笔者水平有限，疏漏与不当之处在所难免，在此恳请专家和广大读者批评指正。

编著者

2013 年 10 月

目 录

第一章 蔬菜合理施肥技术

作物一生从种子发芽、生长到开花结实，称为一个生长发育周期。在整个生长发育周期中，除了需要一定的光照、水分、空气和热量（温度）外，还需从外界获得各种营养物质，即养分。作物的正常生长需要多种养分，这些大部分由施肥方式提供，肥料对于作物生长犹如粮食对于人类生存一样必需。

为了便于理解和进行合理施肥，首先必须了解蔬菜作物对营养的需求特性，才能进行真正意义上的合理施肥。

第一节　蔬菜作物所需营养元素及特性

一、蔬菜作物必需营养元素与有益元素

1. 必需营养元素

据目前的研究资料显示，高等植物必需的营养元素有16种：碳（C）、氢（H）、氧（O）、氮（N）、磷（P）、钾（K）、钙（Ca）、镁（Mg）、硫（S）、铁（Fe）、锰（Mn）、硼（B）、锌（Zn）、铜（Cu）、钼（Mo）、氯（Cl），按植物需要量的不同，可将这16种营养元素划分为：大量营养元素（N、P、K）、中量营养元素（Ca、Mg、S）和微量元素（Fe、Mn、Zn、B、Cu、Mo、Cl），C、O、H这三种元素虽然在植物体中数量最大，通常占其物质总量的94%左右，但因其主要来源于空气和水，

所以不列入矿质养分中。而生产实践和科学研究发现，除以上16种元素外，还有一些元素对某些植物是不可缺少或有特殊作用的，如硅（Si）、钠（Na）、钴（Co）、硒（Se）、钒（V）、镍（Ni）、碘（I）等元素，它们被称作为植物的有益元素。

植物生长发育需要的营养元素主要来源渠道为空气、水和土壤。例如植物所需的氢、氧主要来源于空气和水，水是植物的命脉，一般占植物总重量的75%～95%；碳主要来源于空气中的二氧化碳；而其他矿质营养元素则主要来自土壤，只有豆科植物能通过固定空气中的氮而获得一部分氮素。因此，土壤既是植物的扎根立足之处，也是其生长发育的养分库。此外，植物还能通过叶片吸收一部分气态物质而获得某些少量矿质养分元素，如二氧化硫等。

2. 肥料"三要素"

通常作物生长发育对氮、磷、钾等养分需要量较大，简称肥料"三要素"，而土壤中固有的量远远不能满足其生长、生产的需要，因此，必须通过人为补施含相应元素的肥料才能大幅度增加作物产量。我国目前对多种蔬菜所需"三要素"养分研究比较深入，特别是对大白菜、甘蓝、马铃薯、黄瓜、番茄（西红柿）、辣椒等主要蔬菜，每生产1000千克产品所需三大养分都有量化数据可查，这为合理施肥提供了可靠的理论依据。

3. 有益元素

有益元素不是所有作物必需的，而只为某些作物所必需（如硅是水稻、甘蔗等作物所必需的），或对某些作物的生长发育有益，或对某些作物的生长具有刺激作用（如豆科作物需要钴、藜科作物需要钠等），因此，在应用时应结合具体情况来选择最有效和最经济的营养元素和施肥技术，并注意与其他元素肥料的配合施用。

4. 中量元素养分

据目前研究结果，钙、镁、硫三种元素在蔬菜作物生长过程中，其需要量仅次于氮、磷、钾三要素，它们具有供应作物营养和改良土壤的双重作用。目前量化研究不多，在蔬菜作物上，仅有大白菜等不到 10 种蔬菜有量化研究值。但在生产实践中，适量施用石灰有利于各种蔬菜的生长已被公认。

5. 微量元素养分

微量元素养分是指在蔬菜生长过程中，除了需要从土壤中吸收大量的"三要素"和中量元素养分外，还需要吸收如铁、锰、铜、锌、硼等量很小的矿质元素养分。这些养分被称作微量元素养分，虽说需求量很小，但又不能缺少。一旦缺少，将表现缺素症，作物生长会受到严重影响，益阳地区表现突出的萝卜赤心症、辣椒缺硼症以及茄子和白菜的缺钙症等。

二、蔬菜作物对各种营养元素的需要特点

蔬菜作物对各种营养元素的需求，因种类和品种不同而异。蔬菜作物对各种养分的需求，具有以下四个特点。

1. 同等重要性

植物必需营养元素中的每一种在植物体内都有特殊作用，无论是大量元素还是微量元素，均有其不同的营养作用和生理功能，缺少任何一种，植物都不能正常地生长发育，因此，各种营养元素对于植物的生长发育都是同等重要的，缺一不可。即使缺少某一种微量元素，尽管它的需要量很少，仍会影响到某种生理功能而导致减产，此为必需营养元素的"同等重要性"。

2. 不可替代性

各种营养元素与植物之间的作用和功能均不能互相代替，如：缺磷不能用施氮代替，缺氮不能以施钾代替，缺大量元素不能以施微量元素代替，此为必需营养元素的"不可替代性"。

3. 养分平衡原则

在施肥时全面考虑作物对各营养元素的需要性，有针对性地施肥，缺什么补什么。作物缺乏任何一种必需营养元素都会表现出独特的缺素症状，只有补充这种元素后才能使症状缓解或得到矫正。同样，任何一种营养

5

元素过剩或施用过量又会对作物造成不同程度的伤害或毒害作用。

虽然各种必需营养元素具有"同等重要性"和"不可替代性"，但作物对各种必需营养元素的需要量是不同的，作物正常生长发育要求各种营养元素平衡供应，即作物的营养元素存在着平衡比例关系，施肥时要遵循"养分平衡原则"。例如，若增加氮的供应量则需相应提高磷、钾以及中量、微量元素的供应量，否则，若单一提高一种营养元素的供应量，其他元素的量不做相应调整，那么养分就不能很好地发挥作用。另外，作物的生长发育还要求各种营养元素持续供应，如在化肥中氮肥肥效最快，但其持续供应养分的时间也最短。

4. 最小养分律

最小养分律是德国化学家李比西提出来的，他认为，如果土壤中某一必需养分不足或缺乏时，即使其他养分都存在，而这种土壤仍将成为不毛之地。也就是说，在某种土壤中限制产量的因子是其中最为不足的一种养分，作物产量是由土壤所能提供某种作物所必需养分的最小量决定的。最小养分律提醒人们，在施肥时，应找出最影响产量的缺乏养分以及各种养分之间的适当比例关系。最小养分不是固定不变的，解决了某种最小养分之后，另外某种养分可能又会成为最小养分。

蔬菜作物生长发育需要吸收各种养分，但严重影响蔬菜生长、限制蔬菜产量的是土壤中那种相对含量最小的养分，也就是最缺的那种养分（最小养分）。如果忽视这个最小养分，即使继续增加其他养分，蔬菜产量也不能再提高。只有增加最小养分的供应量，产量才能相应提高。这就需要通过测土确定土壤中到底最缺少蔬菜生长所需的哪种元素，做到有针对性地施肥，将蔬菜所缺的各种养分同时按蔬菜所需养分的比例相应提高，蔬菜产量才会提高。

最小养分律，反映了土壤养分供需的主要矛盾，在实践中具有重要的意义，对它我们应有正确的认识。

（1）产量的增加受最小养分的影响，这是毫无疑问的，例如土壤中缺磷，不论施用多少氮肥，产量的提高都是受磷的供应所决定。施用足够量的磷以后，产量才会相应提高。

（2）在满足最小养分供给的同时，必须考虑影响作物生长的其他因素的改善，才能发挥增产的最大潜力。

（3）土壤肥力随着科学技术的发展和人类科学的施肥改良，能不断提高，因此作物产量也将不断提高；相反，如果人们的耕作施肥不按其科学规律进行，土壤肥力将大大降低，产量也将随之下降。

三、蔬菜作物对营养元素的吸收方式

如前所述，植物生长发育所必需养分的来源主要是空气、水和土壤，而土壤是作物必需养分的最大库源，但实际上土壤所固有的养分远远不能满足作物生长和生产目标产量的需要，因此，还需要外援补充，即人为施肥。施肥是为了最大限度地满足作物对养分的要求。作物所需各种养分主要是通过地下部根系从土壤溶液中吸收的，作物地上部叶子（及部分茎枝）也具有养分吸收功能，而且作物对叶片所吸收养分的利用同根部吸收的是一样的，由此，对作物施肥也就有两种方式，即根部土壤施肥与叶面施肥。

1. 根部对养分的吸收与土壤施肥

（1）根部对养分吸收的形态　作物吸收养分主要是通过根系从土壤溶液中吸收，所以根部是作物吸收养分的主要器官。根系吸收的养分主要是易溶于土壤溶液中的各种离子态养分，如 NH_4^+、NO_3^-、HPO_3^{2-}、$H_2PO_4^-$、SO_4^{2-}、K^+、Ca^{2+}、Mg^{2+}、Mn^{2+}、Cu^{2+}、Zn^{2+}、HBO_4^-、$B_4O_7^{2-}$、MoO_4^{2-}、Cl^- 等，除此之外，根系也能少量吸收小分子的分子态有机养分，如尿素、氨基酸、糖类、磷酸酯类、植物碱、生长素和抗生素等，这些物质在土壤、厩肥和堆肥等中都有存在。尽管如此，土壤和肥料中能被根系吸收的有机小分子种类并不多，加之有机分子也不如离子态养分那样易被根系吸收，因此矿质养分是作物根系吸收的主要养分种类，如果土壤中的养分不能满足作物生长的需要，就需要通过施肥来补充。

（2）根部吸收养分的途径　施肥先是让土壤吸收养分，使其养分转变成离子状态，然后让作物从土壤中吸收。土壤供给作物所需养分，通常有两条途径：一是土壤中离子的扩散；二是向根液流。在土壤中产生这两种过程的动力，都是由于根系活动的结果。

①离子扩散　作物根系在接触的土壤中吸收养分，这部分土壤的养分含量则相对降低，使土体与土壤之间形成养分的浓度差，由浓度差而引起化学位差异致使离子由化学位较高的一相向较低的一相移动，结果产生离子的扩散作用。这是养分由土体向根表土壤运动的一种补充形式。

②向根液流　作物的蒸腾作用消耗根表土壤大量水分，使其水分相对降低，从而促使土体中的水分向根表土移动，溶解在水分中的养分，随水分移至根表土壤，使消耗的养分得到补充。

③根系与土壤溶液间的离子吸附　植物从土壤中吸收营养离子的巨大能力，使根表强酸胶体不断形成。这些强酸胶体在根表解离出 H^+，后者再与溶液中的其他阳离子进行等电荷交换，从而使得这些阳离子被根所吸附。

（3）影响根部对养分吸收的因子

①根系　在土壤养分充足的前提下，作物能否从土壤中获得足够的养分，主要与其根系大小、根系吸收养分的能力有关。同一类作物甚至不同品种之间，根系的大小和养分吸收能力差别很大，所以对土壤中营养元素的吸收量也不同。一般而言，凡根系深而广、分支多、根毛发达的作物，根与土壤接触面大，能吸收较多的营养元素；根系浅而分布范围小的作物对营养元素的吸收量就少。因此，为了提高作物对土壤中肥料养分的吸收利用，施肥时

应尽可能地将肥料施在作物生长期间根系分布较密集的土层中。

由于作物一生中根系生长和分布特点是不同的，所以施肥要根据作物不同生育时期根系的生长特点来确定适宜的施用方法，如在作物生长初期，根系小而入土较浅，且吸收能力也较弱，故应在土壤表层施用少量易被吸收的速效性肥料，以供应苗期营养；在作物生长中后期，作物根系都处于较深土层中，所以追肥应深施。作物早期根系的特点对施肥部位也有较大的影响，作物早期若直根发达，肥料最好施在下面，若侧根发达则应将肥料施在种子周围。作物从幼苗开始，根系就具有吸收水分和养分的能力，所以，要想使作物多吸收养分，就应及早促使根系生长。

在生产实践中，蔬菜作物根系一般在 20～30 厘米之间，根系遍布整个耕作层，因此施肥时以基肥撒施、多翻（2～3 遍）为好。这样，错综交叉的作物根系无论伸长到哪里，都有养分供应。

② 温度　温度一方面影响土壤养分的有效性；另一方面影响根系的吸收能力。一般温度在 6～38℃ 范围内，随温度升高，作物吸收养分的数量增加，反之则减少。

③ 土壤通气状况　作物的根部呼吸与养分的吸收有密切关系，养分吸收必须依赖于呼吸作用所释放的能量。土壤疏松，通气条件好，作物根系呼吸旺，根部吸收养分的量就多，反之则少。

④ 土壤酸碱度　土壤 pH 值的变化，会直接影响作

物根系对某些养分的吸收。一般而言，近中性土壤，养分吸收量多；过碱或过酸的土壤，养分的吸收量就少。

⑤ 水分　土壤水分是化学肥料的溶剂和有机肥料矿化的必要条件，是根系与营养离子进行交换的介质，是土壤养分向根液流和离子扩散的源泉。作物与土壤间的离子交换，要通过水分才能实现，肥料中的养分元素要溶解于水后，形成离子才能被作物的根系吸收。也就是说，有肥无水，等于无肥。试验和实践证明，土壤过干或过湿，都将影响养分的吸收，尤其是微量元素养分。当水分供应不足时，蔬菜除生长不良外，还表现出明显的营养缺素症，当水分供应恢复后，缺素症的表现将逐步解除，如茄子缺钙、辣椒缺硼，而萝卜缺硼的赤心病症状不能解除，但可以停止发展。

2. 叶部对养分的吸收与叶面施肥

作物除了根系能吸收养分外，还能通过地上的部分器官如茎、叶等吸收养分和各种营养物质，被称为叶面营养。

（1）叶面施肥的特点

① 施用特点　除部分气态养分，如二氧化碳（根系也可以吸收二氧化碳）、氧气、水（水蒸气）、二氧化硫等，是通过作物叶面上的气孔吸收的外，其他养分（包括各种矿质养分和少量有机养分）在农业生产中则主要是通过叶面喷施（叶面施肥）的方法来供给作物的。

② 效果特点　叶面施肥是作物通过叶部吸收养分的主要来源方式，它是将作物所需各种养分直接施于叶面的技术，具有吸收速度快、吸收利用率高、用肥量少、效益好等特点。利用叶面施肥，一方面可通过叶面施用各种矿质养分以补充作物生理营养，另一方面，可通过喷施各种生长调节物质以调节作物生长发育。

（2）叶面营养吸收的原理　一般陆生植物的叶面由角质层、蜡质层、表皮细胞、叶肉细胞等组成。而叶面，即叶表皮细胞的最外面，是角质层和蜡质层，由表皮细胞原生质生成，通过细胞壁分泌到表面。研究表明，养分进入叶肉细胞可以通过气孔，也可以通过叶片角质层上的裂缝和从表皮细胞延伸到角质层的微细结构，即外壁胞间连丝，它是角质膜到达表皮细胞原生质的通道。植物叶部吸收的养分和根部吸收的养分一样能在植物体内同化和转化。

但叶面吸收的养分量是有限的，不能完全满足作物各生育期对养分的需求，因此，叶面吸收不能完全代替根系吸收养分，而只能作为作物所需养分的一种辅助来源，叶面施肥也只能是土壤施肥的一种辅助手段，而不能完全代替土壤施肥，特别是对于作物需要量较大的养分如氮、磷、钾，主要还是靠土壤施肥由根系吸收。但当作物需要强化某种（些）养分，特别是微量元素，或者是根部吸收养分困难时，叶面养分吸收对于作物的正常生长发育具有重要意义。所以，叶面施肥也是一种重复、有效的施肥方式。

第二节　肥料特性与养分含量

人体所需的养分是通过食用粮食、蔬菜、畜禽水产品等食物获取而得以生存；而蔬菜作物所需要的养分，则是通过根系及叶面吸收自然界存在的营养和人为施用的肥料（营养）而得以生长发育。

自然体存在的营养，对作物生长而言，要达到人们对获取植物生长量所需的营养相差甚远。因此，人们为了获取预期的植物生长量，采用施肥的方式，才能满足作物对营养的需求，以期达到较高的产量。在这里，首先需了解各种肥料的特性及营养成分，才能有利于合理施肥，这是合理施肥的基础。

一、畜禽动物粪尿的营养特性与养分含量

动物粪尿能供给作物氮、磷、钾、钙、镁、硫，还能供给作物硼、锰、锌、铜、钼和碳等营养元素，故称完全肥料。其中氮、磷、钾的有效性常因家畜、垫料、堆积方法、施用时间、气候条件和土壤等情况不同而不同。同时还能降低土壤容重，改善土壤耕层，增加土壤持水量等物理性质，有机酸和它的盐类对酸碱具有缓冲作用，可以提高土壤缓冲性，调节土壤酸碱度，改变土壤的化学性，有利于作物的生长。

1. 畜禽动物粪尿的营养特性

各种动物粪尿的性质因动物种类不同而异。但它们的

共性是所有排泄物均为完全肥料,不仅含有作物所需要的大量元素,还含有微量元素、维生素、生长刺激素等。而各种畜尿中的成分都属水溶性,养料易于分解,各种畜粪、禽粪的成分大多属于水不溶性,含有大量的有机物和微生物,分解较缓慢。

动物粪便成分丰富,有机质含量高,对于提高蔬菜产量作用很大。但动物粪便中的养料,作物大多不能直接利用,必须经过腐熟后才能被作物吸收利用。据研究,各种动物粪便经腐熟后,都能增加腐殖质的含量。

家畜尿都含有大量的马尿酸、尿酸等化合物,尿液不能被作物吸收利用,必须经过分解转变为碳酸铵后,才能被土壤吸收和被作物利用。畜禽粪包括猪、牛、马、羊等家畜以及家禽的粪便,经过充分腐熟后,可作基肥。

2. 畜禽动物粪尿的养分含量

主要畜禽动物粪尿的养分含量如下所述。

(1)猪粪尿的养分 猪粪的有机物含量为 15%,氮含量为 0.5%~0.6%,磷含量为 0.45%~0.6%,钾含量为 0.35%~0.5%。猪粪是优质的有机肥料,在堆积沤制过程中,不能加入草木灰等碱性物质,以避免氮素损失。

猪尿的有机质含量为 2.8%,氮含量为 0.3%,磷含量为 0.12%,钾含量为 1%。

(2)马粪尿的养分 马粪的有机物含量为 21%,氮含量为 0.4%~0.55%,磷含量为 0.2%~0.3%,钾含量为 0.35%~0.45%。马粪质地疏松,其中含有大量的高温性纤维分解细菌，在堆积中能产生高温，属热性肥料。骡、驴粪性质与马粪相同。腐熟好的马粪可作蔬菜早期育苗温床的加热材料，也可作秸秆堆肥或猪圈肥的填充物，以增加这些肥料中的纤维分解细菌，从而加快腐熟。

马尿的有机质含量为 6.9%，氮含量为 1.3%，磷含量甚微，钾含量为 1.5%。

（3）牛粪的养分　牛粪的有机物含量为 20% 左右，氮含量为 0.34%，磷含量为 0.16%，钾含量为 0.4%。

（4）羊粪的养分　羊粪的有机物含量为 32% 左右，氮含量为 0.83%，磷含量为 0.23%，钾含量为 0.67%。

（5）兔粪　兔粪是一种优质高效的有机肥料，其氮、磷、钾的含量比任何动物的粪便均为高，其氮含量为 1.58%，磷%含量为 1.47%、钾含量为 0.21%，兔尿的氮含量为 0.15%、钾含量为 1.02%。

（6）鸡粪的养分　鸡粪的有机物含量为 25.5%，氮含量为 1.63%，磷含量为 1.54%，钾含量为 0.85%。施用新鲜的鸡粪容易产生地下虫害，又容易烧苗，而且其尿酸态氨还对蔬菜根系生长有害。因此，鸡粪必须充分腐熟后才能施用。鸡粪多用于蔬菜和其他经济作物种植上。鸡粪与其他禽粪一样，属于热性肥料。

（7）鸭粪的养分　鸭粪的有机物含量为 26.2%，氮含量为 1.1%，磷含量为 1.4%，钾含量为 0.62%。

（8）鹅粪的养分　鹅粪的有机物含量为 23.4%，氮含量为 0.55%，磷含量为 0.5%，钾含量为 0.95%。

（9）鸽粪的养分　鸽粪的有机物含量为 30.8%，氮含量为 1.76％，磷含量为 1.78％，钾含量为 1.0％。

二、人粪尿的营养特性及养分含量

人粪、尿，有机物占鲜重的 5％～10％，含氮量为 0.5％～0.8％，其中 70％～80％氮素呈尿素态，易被蔬菜吸收利用，肥效快，含磷量为 0.2％～0.4％，含钾量为 0.2％～0.3％。人粪尿经充分腐熟后，用作基肥，适用于各种蔬菜；人粪尿与作物秸秆或其他杂草混合，经高温发酵沤制，作基肥效果更好。特别是对叶菜类蔬菜，如白菜、甘蓝、菠菜和韭菜等肥效明显。不要把人粪尿晒成粪干，既损失氮素又不卫生；不要把人粪尿和草木灰、石灰等碱性物质混合沤制或施用，以防氮素损失；也不宜在瓜果类蔬菜上使用太多的人粪尿，以防过量的氯离子造成瓜果品质下降；在次生盐渍化的设施内，一次施用人粪尿不能太多，以免产生盐害；没有腐熟的人粪尿，禁止在蔬菜生产中使用。

三、饼肥的营养特性及养分含量

1. 饼肥的营养特性

饼肥包括棉籽饼、大豆饼、芝麻饼、菜籽饼和蓖麻饼，是优质有机肥料。饼肥养分齐全，含量较高，肥效快，适用于各种土壤及多种作物。为了尽快发挥肥效，用作基肥时应将饼肥碾碎，在定植前 2～3 周施入菜地后耕翻整地，让其在土壤中有充分腐熟的时间。作追肥时，必须充分腐熟后方可施用，这样才有利于蔬菜作物尽快地吸收利用。一般宜与堆肥、厩肥同时堆积或捣碎浸于尿液中，经 20～40 天充分发酵后制成肥液作追肥，对茄果类蔬菜增产效果明显。

2. 饼肥的养分含量

主要饼肥的养分含量如下：

（1）棉籽饼 氮含量为 3.44%，磷含量为 1.63%，钾含量为 0.97%。

（2）大豆饼 氮含量为 7%，磷含量为 1.32%，钾含量为 2.13%。

（3）芝麻饼 氮含量为 5%～6.8%，磷含量为 2%～3%，钾含量为 1.3%～1.9%。

（4）蓖麻饼 氮含量为 5%，磷含量为 2%，钾含量为 1.9%。

（5）菜籽饼 氮含量为 4.6%，磷含量为 2.48%，钾含量为 1.4%。

（6）花生饼 氮含量为 6.32%，磷含量为 1.17%，钾含量为 1.34%。

（7）葵花籽饼 氮含量为 5.4%，磷含量为 2.7%，钾含量为 1.5%。

四、厩肥的营养特性及养分含量

1. 厩肥的营养特性

厩肥是家畜粪、尿和各种垫圈材料混合积制而成的肥料，也称圈肥。厩肥的成分随家畜种类、饲料成分、垫圈材料的种类和用量以及饲养条件不同而不同。

一般厩肥平均含有机物 25％，含氮约 0.5％，含磷 0.25％，含钾 0.6％。每吨厩肥平均含氮约 5 千克、磷 2.5 千克、钾 6 千克，相当于硫酸铵 25 千克、过磷酸钙 18 千克、硫酸钾 12 千克。

新鲜厩肥中的养分，主要是有机态的纤维素、半纤维素等化合物，碳氮比较大，必须经过堆积腐熟后，才能被蔬菜吸收利用。厩肥中含有丰富的有机物，常年大量施用，可在土壤中积累较多的有机质，改良土壤理化性状，培肥地力，提高土壤熟化度。厩肥是设施蔬菜栽培适宜的有机肥品种，既可作基肥，又可作追肥，还可作苗床土和营养土的配料，可与化肥配施和混施。

2. 厩肥的养分含量

主要厩肥的养分含量如下：

（1）猪厩肥的养分 含水量为 72.4％，有机物含量为 25％，氮含量为 0.34％，磷含量为 0.19％，钾含量为 0.6％，氧化钙含量为 0.08％，氧化镁含量为 0.08％。

（2）牛厩肥的养分 含水量为 77.5％，有机物含量为 20.3％，氮含量为 0.34％，磷含量为 0.16％，钾含量为 0.4％，氧化钙含量为 0.31％，氧化镁含量为 0.11％。

（3）马厩肥的养分 含水量为 71.3％，有机物含量为25.4%，氮含量为0.58%，磷含量为0.28%，钾含量为0.53%，氧化钙含量为0.21%，氧化镁含量为0.14%。

（4）羊厩肥的养分 含水量为64.6%，有机物含量为31.8%，氮含量为0.83%，磷含量为0.23%，钾含量为0.67%，氧化钙含量为0.33%，氧化镁含量为0.28%。

五、堆肥的种类及养分含量

1. 堆肥的种类

堆肥是以秸秆、落叶和杂草等为主要材料，添加一定量的人、畜粪尿和细土等配料，堆沤而成的肥料。堆肥因堆沤温度不同可分为两类：普通堆肥和高温堆肥。堆肥中含钾较多，在缺钾的设施蔬菜地及喜钾蔬菜生产中作基肥施用，不仅能提高产量，而且还能改善品质。

2. 堆肥的养分含量

堆肥的养分含量如下所述。

（1）普通堆肥 有机物含量为15%～25%，氮含量为0.4%～0.5%，磷含量为0.18%～0.26%，钾含量为0.45%～0.7%。

（2）高温堆肥 有机物含量为24%～48%，氮含量为0.11%～2%，磷含量为0.3%～0.82%，钾含量为

0.47%～2.53%。

六、沼气肥的制作及养分含量

1. 沼气肥的制作

将作物秸秆，人、畜粪尿和杂草等各种有机物，放入密闭的沼气池内，经嫌气细菌作用，发酵制取沼气后所剩的残渣和沼液，即为沼肥。

2. 沼气肥的养分含量

沼肥的养分状况因原料、发酵条件而异。

沼渣的含氮量为1.25%，含磷量为1.9%，含钾量为1.33%。沼液的含氮量为0.39%，含磷量为0.37%，含钾量为2.06%。

沼肥除含有氮、磷、钾外，其有机碳的含量高于堆肥，而且沼渣所含腐殖质、纤维素和木质等物质，均比堆肥丰富，因而沼渣有较好的改土作用。沼液可直接用于设施栽培蔬菜的追肥，随水冲施或沟施均可，也可作叶面肥喷施。沼渣还可以直接作基肥用，按照沼渣：草皮：磷矿粉为100：40：10比例混合均匀，堆沤30天左右，用作菜地基肥，增产效果明显。

七、草木灰的特性及养分含量

1. 草木灰的特性

草木灰是植物体燃烧后残留的灰，燃烧完全的草木灰呈灰白色，燃烧不完全的因残留炭粒而呈黑色，草木灰含有多种元素，如钙、钾、磷、镁、硫、铁等，其中以钾和钙的含量最多，含氧化钾 5%～10%。草木灰含有多种钾盐，主要是碳酸钾，其次是硫酸钾和少量的氯化钾，90%能溶于水，是速效性钾肥，适于各种土壤和作物，可作基肥和追肥，但不能与铵态氮肥混合贮存和使用，也不能和人粪尿、圈粪混合堆沤和使用，以免造成氮素挥发损失。

2. 草木灰的养分含量

（1）松木灰　含氧化钾 12.44%，五氧化二磷 3.41%，氧化钙 25.18%。

（2）小灌木灰　含氧化钾 5.92%，五氧化二磷 3.41%，氧化钙 25.07%。

（3）禾本科草灰　含氧化钾 8.09%，五氧化二磷 2.3%，氧化钙 10.72%。

（4）稻草灰　含氧化钾 8.09%，五氧化二磷 0.59%，氧化钙 1.92%。

（5）谷糠灰　含氧化钾 1.82%，五氧化二磷 0.16%。

（6）棉籽壳灰　含氧化钾 5.8%，五氧化二磷 1.2%，氧化钙 5.92%。

（7）棉秆灰　含氧化钾 2.19%。

（8）麻秆灰　含氧化钾 1.1%。

以上所介绍的均为有机肥，又称农家肥。

八、化学肥料的特性、养分含量及基本施用方法

1. 氮肥

按氮肥中氮素存在的主要形态，可分为铵态氮肥、硝态氮肥和酰胺态氮肥。不同形态的氮肥，其化学性质不同，在土壤中的转化过程、作物吸收利用的形式、对土壤肥力的影响以及氮的利用率等均有差异。因此，要根据氮肥性质、土壤条件、蔬菜作物需氮特性进行合理选择和科学施用。

（1）铵态氮肥的性状及施用　铵态氮肥如硫酸铵、碳酸氢铵、氯化铵等肥料易溶于水，在土壤溶液中，其氮素即以铵离子形态存在，可直接被土壤胶体吸附或被蔬菜作物直接吸收利用，因此肥效快。但在土壤硝化细菌和亚硝化细菌的作用下，铵态氮易转化成硝态氮。由于硝酸根离子不易被土壤胶体所吸附而易流失，而且，铵态氮肥在盐碱性土壤表层施用，很容易造成氨的挥发或对蔬菜造成氨中毒，尤其在设施栽培中施用时，应深施与覆土，或随水冲施，并注意防风。主要铵态氮肥的施用方法如下：

① 硫酸铵的性状及施用　硫酸铵含氮量为20%～21%，含硫25.6%，简称硫铵。硫铵为白色或微黄色晶体，吸湿性小，有良好的物理性质，分解温度高，易溶于水，肥效迅速而稳定，是一种"生理酸性"肥料。可作基肥、追肥施用，然后要覆土或浇水。每亩（1亩＝667平方米）每次用量15～20千克。

硫铵还含有硫，也是一种重要的硫肥产品。在长期施

用不含硫的高浓度化肥的菜地，尤其是对喜硫蔬菜，若土壤缺硫时，硫胺作为一种补充土壤有效硫的重要来源，肥效较为明显。

② 碳酸氢铵的性状及施用　含氮量为 17%，简称碳铵，为白色粉末状结晶或颗粒状，易溶于水，水溶液呈碱性。易吸湿、结块和分解挥发。碳铵的潮解是损失氮素的过程，也是造成储运期间结块和施用后造成灼伤作物的原因。因此，在设施密闭的环境中一般不作追肥用，可作基肥深施到土壤中，每亩每次用量为 20～25 千克。

（2）硝态氮肥的性状及施用　该类氮肥如硝酸钙、硝酸铵和硝酸钠等，易溶于水，以硝酸根离子的形态存在于土壤溶液中，可直接被蔬菜作物吸收利用。但硝酸根离子不易被土壤胶体所吸附，故易随水移动而流失。若在土壤缺氧条件下，还会发生反硝化作用，使硝酸根离子形成一氧化二氮、一氧化氮、氮气等气体而挥发损失氮素。并且这类肥料易吸湿、易燃、易爆，因此在储运中要注意防潮和防火，不要与易燃物混存。

硝态氮肥在设施蔬菜栽培中，宜作追肥和根外追肥，应注意少量多次施用，并尽量改善土壤的通气状况。蔬菜作物是喜硝态氮的作物，硝态氮肥对蔬菜的增产效果好于其他形态的氮肥。但若过量施用，就会造成蔬菜体中硝酸盐的大量积累而危害人体健康。同时，硝态氮易污染土壤、水质与环境，破坏农业生态平衡。

主要硝态氮肥是硝酸铵，其性状及使用方法如下：含氮量为 33%～35%，简称硝铵，为淡黄色或白色颗粒状，易溶于水，吸湿性很强，受热时能逐渐分解出氨，具有助燃性和爆炸性。因此，储运时要避免与易燃物、氧化剂等接触，运输中要作为危险品处理。施用时如遇结块，切忌猛烈锤击，可将其先溶于水后再施用。

硝铵是速效性氮肥，适用于各种土壤和蔬菜作物，更适用于设施蔬菜栽培作追肥。作追肥时，应采用少量多次、以水冲施的施用方法，每亩每次用量为 10～15 千克。

(3) 酰胺态氮肥的性状及施用　这类氮肥是以酰胺态存在的氮素，如尿素，含氮量为 46%，易溶于水，施入土壤后，需在微生物分泌的脲酶作用下，水解成铵态氮后，才能被蔬菜作物吸收利用。因此，其肥效较铵态氮肥和硝态氮肥慢。尿素施入土壤中以分子态存在时易随水流失，若在脲酶作用下分解成碳酸铵，继续分解为氨水和二氧化碳气体，也会以氨的形式挥发损失。

尿素是设施栽培常用的氮肥品种，可作基肥、追肥和根外追肥施用。对棚室蔬菜可直接用于叶面喷施，易被叶面吸收，肥效快。

尿素中的副成分缩二脲对蔬菜有毒害作用，在设施蔬菜栽培中，作根外追肥或育苗作苗床营养土的肥料时，其缩二脲含量不能高于 0.5%，以免影响种子发芽和烧伤幼叶。尿素作追肥施用时，一次用量不宜过大，每亩一次用量为 10 千克左右。

2. 磷肥

磷肥包括过磷酸钙、重过磷酸钙和钙镁磷肥等。按磷肥的溶解性可分为水溶性磷肥、弱酸（柠檬酸）溶性磷肥和难溶性磷肥三种类型。

(1) 水溶性磷肥的性状及施用 磷肥中的磷素易溶于水，能为作物直接吸收利用，如过磷酸钙、重过磷酸钙等。设施蔬菜栽培中，施用最多的磷肥是过磷酸钙、重过磷酸钙，二者为速效性磷肥。

水溶性磷肥施入土壤后，易发生化学固定而降低其肥效，因此应集中施用。作基肥时与有机肥混施，集中施于根系附近，可减少其与土壤接触而增加其与根系的接触面。作追肥时，应早施。根据不同生育期，施于根系密集层。作根外追肥用时，要控制好施用的浓度。主要水溶性磷肥的养分及施用方法如下：

① 过磷酸钙的性状及施用 过磷酸钙又称过磷石灰，简称普钙。有效磷含量为 $12\%\sim20\%$，同时还含有氧化钙 $16\%\sim28\%$，含硫 $10\%\sim16\%$。在其产品中，还有许多副成分，如硫酸钙、硫酸铁、硫酸铝和游离的硫酸与磷酸等；有酸味，腐蚀性强；呈灰白色粉末或颗粒；由于吸湿性强，结块后会降低肥效，故在储存过程中要注意防潮；适用于各种土壤和作物。由于普钙中含有大量的硫酸钙（石膏），因而在盐碱地上施用有改良土壤的作用，可作基肥、种肥和追肥，也可配成水溶液作根外追肥，但主要是作基肥，每次每亩用量为 $50\sim100$ 千克。

② 重过磷酸钙的性状及施用 含有效磷 $36\%\sim52\%$，含氧化钙 $19\%\sim20\%$，含硫 1%。由于所含有效磷是过磷酸钙的 $2\sim3$ 倍，因此又称"二料或三料"磷肥，简称重

钙。重过磷酸钙为灰白色粉末或颗粒，有吸湿性，无副成分，易溶于水，呈酸性反应；不含石膏；性质比普通过磷酸钙稳定，吸湿后易发生磷的退化；物理性能好，便于储存和使用。其适用于各类土壤和各种作物；作基肥、追肥均可，每次每亩用量为 25～50 千克。

（2）钙镁磷肥的性状及施用　钙镁磷肥是将磷矿石和适量的含镁硅矿物在高温下共熔，使氟磷酸钙的晶体破坏，再将熔融体水淬而成的。通常磨碎成粉粒出厂，颜色不一，含五氧化二磷 14％～19％，含氧化钙 25％～32％、氧化镁 8％～20％，不易溶于水，属弱酸溶性磷肥。但由于肥料中含有一定量的氧化钙和氧化镁而呈碱性，pH 值为 8～8.5；无腐蚀性，也不吸湿，便于包装和储运。

钙镁磷肥适于酸性土壤施用，南方一般土壤每亩菜地施用 100～200 千克，用作基肥，同时还可用作有机蔬菜的肥料施用。

（3）提高磷肥利用率的方法　磷肥在施用的当季利用率很低，一般只有 10％～25％。有些地方每年施磷肥而土壤中仍然缺磷，这是因为土壤中的水溶性磷形成沉淀，被土壤中的黏粒矿物吸附，或被土壤微生物暂时利用的缘故。

有效磷在各种土壤中移动性很小，大多数集中在施肥点周围 0.5 厘米的范围内。因此，在施肥方法上要减少肥料与土壤颗粒的接触，避免水溶性磷酸盐的化学固定，还要让磷肥置于根系密集的土层，增加根系与肥料的接触，以利于吸收。水溶性磷肥颗粒化有利于提高其利用率。

将磷肥作基肥、追肥施用时，撒施、沟施或穴施均可；可单独施用，也可将磷肥与有机肥混合，或与氮、磷、钾肥混合施用。施肥深度以地表下 10～20 厘米处为宜。磷肥与有机肥混合施用时，磷肥中的速效磷提供了微生物繁殖的能源，有机肥中分解的有机酸促进了难溶性磷的溶解，也减少了磷的固定，特别是在石灰性土壤上尤为明显。

蔬菜作物在生育后期，其根部吸收能力减弱，进行根部追肥也难很快见效，而进行叶面喷施却能及时供给作物所需的磷养分。根外追肥时，常用的磷肥品种有磷酸二氢钾、磷酸铵、过磷酸钙和重过磷酸钙。磷酸二氢钾和磷酸铵可配成 0.2%～0.3% 的溶液，过磷酸钙则在 100 升水中加 2～3 千克磷肥，浸泡一昼夜，用布滤去渣子，即为喷施水溶液。重过磷酸钙的使用方法和过磷酸钙一样，只是用量要减半。

3. 钾肥

适用于蔬菜栽培应用的钾肥产品，以硫酸钾为最好，氯化钾次之。

(1) 硫酸钾的性状及施用　硫酸钾含氧化钾 48%～52%；为白色或淡黄色晶体，储存时不易结块；易溶于水，是化学中性、生理酸性肥料，作基肥和追肥均可。由于钾在土壤中流动性差，因此用作基肥效果好。施肥深度应在根系集中的土层。作追肥时，应集中条施或穴施到根系密集的湿润土层中，以减少钾的固定，也利于根的吸收。

（2）氯化钾的性状及施用　氯化钾为白色或粉红色晶体，含氧化钾50%～60%；吸湿性不大，储存时间长或空气中湿度大时也会结块；易溶于水，是化学中性、生理酸性肥料。氯化钾施入土壤后，钾素以离子状态存在，能被蔬菜直接吸收利用，也能与土壤胶体上的阳离子置换，在土壤中移动性小。由于含有大量氯离子，因此在忌氯蔬菜和盐碱地上不宜施用，若必须使用，则要及早施入，以便降雨或浇水时使氯离子淋溶到下层。

（3）窑灰钾肥的性状及利用　窑灰钾肥是生产水泥的副产品，一般含钾（氧化钾）8%～16%，高的也可达20%，还含有30%左右的氯化钙，以及一定数量的镁、硅、硫及其他微量元素。

该肥呈碱性反应，易吸湿结块，不便于运输、包装和保存，使用时需戴口罩。

4. 钙肥和镁肥

钙和镁，是蔬菜作物生长所必需的中量元素养分，仅次于磷养分。

（1）钙肥的种类与施用　钙是以钙离子的形式被作物吸收的，作物只能通过根尖吸收钙离子。虽然有时土壤中含钙丰富，但植株吸收的速度和数量仍然较小，并且钙离子在植株体内移动性很小。蔬菜是需钙较多的作物，因此常出现缺钙症状。在氮、磷肥施用量较大的设施蔬菜栽培中，施用钙肥也有很好的效果。石灰是主要的钙肥，包括生石灰、熟石灰、碳酸石灰三种。此外，还有石膏也可作钙肥。

① 生石灰的施用　又称烧石灰，化学名为氧化钙。通常用石灰烧制而成，含氧化钙 90%～96%；用白云石烧制的称镁石灰，含氧化钙 55%～85%、氧化镁 10%～40%，兼有镁肥的作用。贝壳类烧制而成的生石灰，含氧化钙 47%～95%。生石灰中和土壤酸性的能力很强，可迅速矫正土壤酸度。此外，生石灰还有杀虫、灭草和土壤消毒的作用，因此，生石灰是设施土壤常用的消毒剂。

② 熟石灰的施用　又称消石灰，化学名为氢氧化钙，由生石灰吸收或加水处理而成；其营养效果同生石灰，其中和土壤酸度的效果仅次于生石灰。

③ 碳酸石灰的施用　由石灰石、白云石和贝壳类磨细而成。其主要成分是碳酸钙；其次是碳酸镁；溶解度小，中和土壤酸度的能力较缓和而持久。

④ 氯化钙和硝酸钙的施用　绝大多数蔬菜是喜钙作物，在设施栽培番茄、辣椒、甘蓝等出现缺钙症状前，及时喷施 0.5%氯化钙或 0.1%硝酸钙溶液，具有一定的防治效果。

(2) 镁肥的施用　蔬菜也是需镁较多的作物。常用的镁肥有硫酸镁、氯化镁、硝酸镁和氧化镁等。上述镁肥可溶于水，易被作物吸收。此外，有机肥中含有镁，以饼肥含镁最高，豆科绿肥和厩肥次之。镁肥可作基肥或追肥施用，也可作根外追肥用。目前，在设施蔬菜生产中，只要每茬都坚持施用农家肥，一般不会出现缺镁现象。硫酸镁等可溶性镁盐，可在植株出现缺镁症状前进行叶面喷施，浓度为 1% 左右。

5. 硼肥

硼在植株体内参与碳水化合物的运输和分配。缺硼时，叶片中形成的碳水化合物不能被运转出去而大量积累在叶片，致使叶片增厚。硼还有促进植物分生组织迅速生长的作用。缺硼时，根尖、茎尖生长点分生组织细胞的生长受到抑制，严重缺硼时生长点萎缩坏死。缺硼会引起植株体内生长素含量下降，从而抑制营养器官的生长。缺硼植株不能形成正常的花器官，表现为花药和花丝萎缩，花粉粒发育不良，出现"花而不实"的现象。此外，硼对加速植株发育、促进早熟和改善品质也有十分重要的作用。如对黄瓜和番茄施硼肥，可提高维生素 C 含量。蔬菜常发生缺硼病，如芹菜茎裂病、甘蓝褐腐病、萝卜空心及褐心病、花菜褐化病等。蔬菜生产中常用的硼肥有硼砂和硼酸两种。

（1）硼砂　为白色晶体或粉末，在 40℃ 热水中易溶解，含硼量为 11%。

（2）硼酸　性状同硼砂，易溶于水。含硼量为 17.5% 左右。硼砂和硼酸均可作基肥和追肥，每亩施用量为 0.5～1 千克。追肥宜早施，注意施均匀。根外追肥浓度为 0.05%～0.1% 的硼酸溶液或 0.1%～0.3% 的硼砂溶液，每亩喷施 50 升溶液，以在作物由营养生长转入生殖生长时期喷施为好。浸种浓度一般为 0.01%～0.05%，时间为 6～12 小时。拌种一般每千克种子用 0.4～1 克。蘸根为 0.1%～0.2%浓度水溶液。硼肥有一定后效，一般可持续 3～5 年。

6. 无机复合肥

目前市场上的无机复合肥种类很多，蔬菜生产以含硫复合肥最适宜，其次是含氯复合肥。

无机复合肥一般是氮、磷、钾三大主要养分的复合肥，对三大主要养分的含量，因生产厂家不同而异。它们的共性是易溶于水，三大主要养分全面。这种肥料一般为微酸性，不能与石灰等碱性肥料同时施用，尤其是在设施栽培中。如长期施用，不利于土壤改良，反而破坏土壤结构与理化性质，不利于作物生长。

九、商品有机肥

1. 海藻肥

海藻有机肥是利用海藻渣通过生物发酵技术精制而成，富含海洋生物特有的海藻多糖、海藻酸、高度不饱和酸和脂肪酸、藻褐素、岩藻多糖等多种海洋活性物质，以及多种天然生长调节物质如细胞分裂素、赤霉素、甘露醇、甜菜碱、多酚等；还特别富含陆生植物稀有的碘、锌、镍、锰、硼、铜、铁、钼、钾、钠、钙、镁等 40 多种矿物质微量元素以及丰富的土壤有益菌和促进作物生长的天然激素。

海藻肥施入土壤可以增加土壤有机质，改善土壤的结构，提高土壤保肥保水能力，具有增温透气、改善作物的营养环境、提高肥效、改良土壤团粒结构等作用，还可以促进作物生长，刺激作物根系活力，促进茎叶生长，提高作物抗旱耐涝能力，改善产品品质，减少污染，保护环境。

海藻有机肥是新一轮农肥革命的产物，是生产有机蔬菜的优质有机肥，值得推广和使用。

目前市场上主要有明月牌海藻肥，其产品有叶面肥、底施肥、冲施肥、有机无机复混肥、生根剂、拌种剂、瓜果增光剂等多个类型。据试验，在蔬菜、瓜果、花卉、茶叶、烟草、粮、油、园艺等农作物及水果等上施用，具有明显的增产效果，增产幅度达 7.1％～26％，在抗寒、抗旱和抗病等方面抗逆效果明显。

明月牌有机无机海藻复混肥，有机质含量为 30％，氮含量为≥15％，五氧化二磷含量为≥7％，氧化钾含量为≥8％（有含硫和含氯两种）。经一年推广应用，效果明显。大蒜栽培，在中等肥力土壤上，每亩施 50 千克，亩产可达 4000 千克。

2. 阿维菌素有机肥

阿维菌素有机肥是采用先进的环保技术，经过科学配方，以豆粒、饼粒、骨粉、鱼粉、腐殖酸等为主要原料，添加高活性有益生物菌发酵，并适当配入氨基酸原粉及钙、镁、硫、锌、铁、硼等中微量元素精制而成。其将阿维菌素有机地合成到其中，打破了根结线虫及有害菌的土壤生存环境，有效控制了农作物的灾害发生。其产品有以下特点。

（1）营养全面 有机质≥35％，有机氮磷含量≥6％，腐殖酸≥17％，氨基酸≥10％，钙、镁、硫、锌、铁、硼等中微量元素≥10％，有益微生物≥2亿个/克，阿维菌素原药≥0.2％，还有大量酶类、维生素、促进作物生长因子以及各种诱导植物产生抗病性的活性物质等。

（2）抗病抗线虫 能破坏细菌、根结线虫等的生态环境，预防枯萎病、根腐病、重茬病、黑根病等土传病害，防止死棵，并抑制线虫的生长繁殖，减轻线虫为害。

（3）增强作物抗逆性 有益菌在生产过程中产生的次生代谢物质，强力生根，可促进作物吸收养分，增强作物光合作用，增强作物抗病、抗寒、耐旱涝能力，增强土壤保肥水能力，消除板结。长期使用，土壤越来越肥沃，对复种指数高的地区效果尤为明显。

（4）活化土壤 增加土壤中有机质含量，激活有益微生物菌群，促进土壤团粒结构的形成，改良土壤，调节土壤酸碱度，活化疏松土壤，提高土壤性能，使作物根系发达，茎秆粗壮，增强根系活力，加快营养的吸收供应，壮根、壮苗、叶绿、果靓、品质佳。

（5）解磷解钾 富含多种微生物菌群，解磷菌和解钾菌能迅速将土壤中的难溶的磷钾化合物分解成速效养分，被作物吸收，可提高化肥利用率30％以上，有效降解农药、化肥残留。

（6）改善品质 果多、果大、果匀、色泽鲜艳，畸形果少。改善瓜果类蔬菜的品质和口感，可增加瓜果糖分1%～2%，延长瓜果蔬菜的保鲜保质期、延长货架期，从而实现高产、优质、绿色无公害，是绿色生态农业的首选肥料。

3. 生物菌肥

生物菌肥商品名很多，肥料本身不含或很少含作物生长所需的营养元素养分，主要是内含有机质及解磷解钾和固氮的微生物，可分解土壤中不易被作物吸收的缓效磷、钾养分和固定空气中的氮素，使之成为作物养分。

第三节　根部施肥技术

"庄稼一枝花，全靠肥当家"，这已经是家喻户晓、人人皆知的道理。但如果施肥不当，也会给作物带来损失，轻者减产，重者可致毁灭性绝收。因施肥不当给生产造成重大损失的事例也时有发生。施肥得当，不但能大大降低病、虫害发生的概率，而且还能提高作物的抗逆性，培肥地力，保护环境。因此，生产者了解作物对营养的需求后，正确掌握科学的施肥方法，对于确保生产绿色无公害蔬菜，获得高产高效是有百利而无一害的。

目前的施肥方法有经验施肥法、土壤肥力等级施肥法和测土配方施肥法，以下分别加以介绍。

一、经验施肥法

此施肥法是生产者根据自己的经验确定的一种施肥方法，也是目前普遍采用的一种施肥方法。它没有目标产量的期望，虽说具有一定的科学性，但科学依据不足，在实践中也不能保证获得高产，因此，此施肥方法仅限于小面积的种植作物，对于规模化大面积蔬菜生产，此施肥法不宜提倡和推广。

二、土壤肥力等级施肥法

此施肥方法是根据土壤测定的肥力数据，按照国家对菜地划分标准分级，然后确定目标产量的一种施肥方法。

1. 基本方法

（1）本施肥方法是根据经验（主要根据产量和日常施肥量）对土壤肥力进行高、中、低三级评估，肥力高的土壤栽培蔬菜时可以少施一些肥料，肥力水平低的土壤就要多施肥。

（2）通过对土壤的肥力测定结果，把土壤养分所含有效氮、磷、钾按作物对肥料的反应分组，分组中有效养分含量的高、中、低与肥料用量的低、中、高相对应，这就是土壤肥力分级配方施肥的理论依据。土壤肥力分级标准拟分为高肥力、中肥力和低肥力三级。按上述标准划分，三类菜田耕作层（0～20厘米）的主要速效养分指标见表1-1。

表 1-1 土壤肥力划分标准　单位：毫克/千克

蔬菜	土壤速效养分	不同肥力的土壤		
		低肥力	中肥力	高肥力
白菜	碱解氮	<100	100～140	>140
	速效磷	<50	50～100	>100
	速效钾	<120	120～160	>160
早熟甘蓝	碱解氮	<90	90～120	>120
	速效磷	<50	50～110	>110
	速效钾	<100	100～150	>150
中熟甘蓝	碱解氮	<100	100～140	>140
	速效磷	<50	50～110	>110
	速效钾	<120	120～160	>160
番茄	碱解氮	<110	110～150	>150
	速效磷	<60	60～110	>110
	速效钾	<130	130～170	>170

土壤肥力的高低，也可根据近三年每亩蔬菜的平均产量来确定。

2. 施肥举例

现根据主要蔬菜种类菜田的三年平均产量指标，确定肥力等级、目标产量，确定施肥量举例如下。

（1）黄瓜菜地肥力标准及施肥量　平均每亩 4000～5000 千克产量为低肥力菜田，每亩 5000～8000 千克产量为中肥力菜田，每亩 10000～15000 千克产量为高肥力菜田。在不同肥力的菜田上，每亩产黄瓜 4000～15000 千克，建议施肥量为有机肥 4000～10000 千克，纯氮 28～64 千克，磷（P_2O_5）14～23 千克，钾（K_2O）10～25 千克。

（2）番茄菜地肥力标准及施肥量　每亩 4000～5000

千克产量为低肥力菜田，每亩 4500～6000 千克产量为中肥力菜田，每亩 6000～7000 千克产量为高肥力菜田。每亩产番茄 4000～7000 千克，建议施肥量为有机肥 4000～7000 千克，纯氮 28～50 千克，磷（P_2O_5）14～23 千克，钾（K_2O）15～25 千克。

（3）西葫芦菜地肥力标准及施肥量 平均每亩 4000 千克产量为低肥力菜田，每亩 5000 千克产量为中肥力菜田，每亩 5000～7000 千克产量为高肥力菜田。建议施肥量为有机肥 4000～7000 千克，纯氮 33～50 千克，磷（P_2O_5）14～23 千克，钾（K_2O）15～25 千克。

（4）辣椒菜地肥力标准及施肥量 亩产量为 3000～5000 千克，建议施肥量为有机肥 5000 千克、纯氮 23～28 千克、磷（P_2O_5）7.5 千克、钾（K_2O）25 千克。

（5）茄子菜地肥力标准及施肥量 亩产量为 4000～5000 千克，建议其相对应施肥量为有机肥 5000 千克、纯氮 28～32 千克、磷（P_2O_5）7.5 千克、钾（K_2O）22～28 千克。

（6）芹菜菜地肥力标准及施肥量 每亩 4000～5000 千克产量为低肥力菜田，每亩 5000～6000 千克产量为中肥力菜田，每亩 7000～8000 千克产量为高肥力菜田。建议施肥量为有机肥 4000～8000 千克，纯氮 21～32 千克，磷（P_2O_5）4.5～7.5 千克，钾（K_2O）11～16.5 千克。

（7）甘蓝菜地肥力标准及施肥量 亩产量为 3000～5000 千克，其施肥量建议为有机肥 5000 千克、纯氮 23 千克、磷（P_2O_5）7.5 千克、钾（K_2O）20 千克。

三、测土配方施肥法

测土配方施肥法，是根据对土壤三大主要营养元素的测定结果，并根据某一蔬菜每生产一吨所需从外界吸取的三大主要养分量及期望的目标产量和所计划施用的肥料所含氮、磷、钾养分量来计算施肥量。由于某种肥料不能分别都能满足某种蔬菜目标产量对三大主要营养元素的需求量，因此需要配施几种肥料才能满足其需要，以实现其目标产量和降低肥料施用量的目标。

1. 测土配方施肥计算公式

进行蔬菜生产配方施肥，其施肥量可根据以下公式计算：

亩施肥量［千克（氮或磷或钾）/亩］＝（每生产1000千克蔬菜所需养分吸收量×目标产量－菜田土壤可供养分量)/(肥料养分含量×肥料当季利用率)　　　（1-1）

上式中，①亩施肥量分别是指某一肥料需满足某一蔬菜生产目标产量对纯氮或五氧化二磷或氧化钾的施用量。

② 养分吸收量分别是指生产某一蔬菜1000千克产品分别对氮、磷、钾的吸收量，查表1-2可得。

③ 目标产量是指生产者根据其所计划生产的蔬菜种类的品种特性所确定的期望产量值。

④ 菜田土壤可供养分量是由另一个计算公式所得。参见下述菜田土壤可供养分量计算方法。

⑤ 肥料养分含量是指生产者计划所施用的肥料的氮、磷、钾的含量，化学肥料可从包装袋标识上查到，农家有机肥的养分含量可从本章第二节相关内容中查得。

⑥ 肥料当季利用率是指肥料施入土中以后能被当季作物所吸收利用的比例，各类肥料的当季利用率将在后文详述。

2. 蔬菜作物养分吸收量

蔬菜作物养分吸收量是指蔬菜作物在生长期内从土壤中吸收的营养元素的量。目前，量化研究的范围还局限在氮、磷、钾三大元素之内及主要蔬菜种类。

由于土壤特性各异，施用肥料的种类与数量，蔬菜品种特性、需肥特性及栽培条件，特别是蔬菜收获期及其成熟度不同，各种蔬菜的养分吸收量相差较大。现将主要蔬菜种类的养分吸收量介绍如表 1-2，供参考使用。

表 1-2 每生产 1000 千克主要蔬菜需要吸收的养分量

单位：千克

蔬菜种类	氮	磷	钾	CaO	MgO
黄瓜	1.67～2.73	0.96～1.53	2.6～3.5	3.9	0.7
西葫芦	5.47	2.22	4.09		
冬瓜	1.29～1.36	0.5～0.61	1.46～2.16		
苦瓜	5.28	1.76	6.89		
番茄	3.9～7.8	1.2～1.3	5.12～15.9	2.1	0.6
茄子	2.95～3.5	0.63～0.94	4.49～5.6	2～5	0.7～3.2
辣椒	3.0～5.19	0.60～1.07	5.0～6.46	1.2(克)	0.5(克)
芹菜	1.83～3.56	0.68～1.65	3.88～5.87	1.5	1.8
油菜	2.76	0.33	2.06		
甘蓝	2.0～4.52	0.72～1.09	2.2～4.5	3.5～4.5	

续表

蔬菜种类	氮	磷	钾	CaO	MgO
菠菜	2.48～5.63	0.86～2.3	4.54～5.29		
花椰菜	4.73～10.8	2.09～3.7	4.91～12.1		
大白菜	1.6～2.31	0.8～1.06	1.8～3.72	1.61	0.21
韭菜	3.69～5.5	0.85～2.1	3.13～7.0		
大葱	1.84～3.0	0.55～0.64	1.06～3.33		
大蒜	5.06	1.34	1.79		
菜豆	3～3.37	2.25～2.26	5.93～6.83		
豇豆	4.05	2.53	8.75		
生菜	2.5～2.53	1.17～1.2	4.47～4.5		
莴苣	2.5～5.06	1.2～2.27	4.5～9.07		
西瓜	2.52	0.82～0.92	2.86～3.38		
毛豆	7～7.9	1.3～1.9	2.5～3.7		
马铃薯	5～6	1～3	12～13		
萝卜	2.1～3.1	0.8～1.9	3.8～5.6		
南瓜	3.5～5.5	1.5～2.2	5.3～7.29		
豌豆(干豆粒)	60	17.2	57.2		
生姜	6.34	0.57	9.27	1.3	1.36
洋葱(葱头)	5.4	2.4	4.6		
胡萝卜	2.4～4.3	0.7～1.7	5.7～11.7		
甜瓜	2.5～3.5	1.3～1.7	4.4～6.8		
芋头	10～12	8～8.4	16～16.8		
扁豆	4.05	2.03	7.58		

从表 1-2 中可以看出，同一种类蔬菜每 1000 千克产量所需要吸收的养分量，有的蔬菜作物有一个浮动范围，有的这个范围较大，也就是说，同一种类蔬菜作物每 1000 千克产量因品种不同对养分的吸收量也是不同的。一般而言，干物质含量高的品种取高值，相反，干物质含量低的品种取低值。

3. 菜田土壤可供养分量的计算方法

菜田土壤可供养分量可从以下公式求出：

土壤可供养分量＝土壤速效养分测定值（氮或磷或钾）×0.15×速效养分校正系数 (1-2)

式中，0.15 是土壤速效养分测定值（毫克/千克换算成千克/亩）的换算系数。

速效养分校正系数实为土壤速效养分当季作物的利用系数，是计算土壤可供养分量的关键。表 1-3 所列是不同肥力菜田 5 种蔬菜速效养分校正系数，供参考，其他蔬菜可根据其种类参照选用其校正系数。如马蹄可参照萝卜、芹菜可参照白菜选取校正系数。肥力等级划分见表 1-3。

表 1-3　土壤速效养分校正系数

蔬菜种类	土壤速效养分	不同肥力土壤的养分校正系数		
		低肥力	中肥力	高肥力
早熟甘蓝	碱解氮	0.72	0.55	0.45
	速效磷	0.50	0.22	0.16
	速效钾	0.72	0.54	0.38
中熟甘蓝	碱解氮	0.85	0.72	0.64
	速效磷	0.75	0.34	0.23
	速效钾	0.93	0.84	0.52
白菜	碱解氮	0.81	0.64	0.44
	速效磷	0.67	0.44	0.27
	速效钾	0.77	0.45	0.21
番茄	碱解氮	0.77	0.74	0.36
	速效磷	0.52	0.51	0.26
	速效钾	0.86	0.55	0.47
黄瓜	碱解氮	0.44	0.35	0.30
	速效磷	0.68	0.23	0.18
	速效钾	0.41	0.32	0.14
萝卜	碱解氮	0.69	0.58	—
	速效磷	0.63	0.37	0.20
	速效钾	0.68	0.45	0.33

从表 1-3 可以看出，土壤肥力越高，土壤养分校正系数越小；反之，就越大。

4. 肥料利用率

肥料利用率受多种因素的影响。设施蔬菜对肥料的利用率比露地蔬菜高，氮素化肥的利用率为 30%～50%，磷素化肥的利用率为 15%～30%，钾素化肥的利用率为 50%～80%；一般有机肥（畜禽粪尿及人粪尿）的氮磷钾利用率为 20%～30%。

5. 施肥量的计算举例

将测定出的土壤速效养分含量值和以上提供的各项数据，分别代入施肥量的计算公式中，即可计算出蔬菜生长所需氮、磷、钾的施肥量。没有测土条件的地方，可参考当地土壤普查时测定的数据，也可根据当地菜田土壤肥力和蔬菜产量来确定施肥量。下面举两例说明施肥量计算方法。

（1）以甘蓝亩产 4000 千克为例，计算配方施肥方案 以土壤养分检测值 pH＝5.8～6.5，有机质含量 30 克/千克，碱解氮为 100 毫克/千克，有效磷为 30 毫克/千克，速效钾为 70 毫克/千克；土壤养分利用系数取低值；肥料利用率取低值；蔬菜作物对三大主要养分吸收量取高值。以三元复合肥（$N：P_2O_5：K_2O$）＝（15%：15%：15%）为主施肥料，进行配方施肥计算。

① 根据土壤可供养分计算公式，分别计算出土壤可

供养分量：

土壤可供 N（千克）＝100×0.15×0.55＝8.25

土壤可供 P_2O_5（千克）＝30×0.15×0.22＝0.99

土壤可供 K_2O（千克）＝70×0.15×0.54＝5.67

② 根据施肥量计算公式计算出施肥量　甘蓝亩产以4000 千克为目标产量，分别计算所需三大主要养分需三元复合肥的量。

第一，N 养分所需三元复合肥施用量（千克）＝（4.52×4－8.25）/15％×30％＝（18.08－8.25）/0.045＝9.83/0.045＝218

第二，P_2O_5 养分所需三元复合肥施用量（千克）＝（1.3×4－0.99）/15％×15％＝4.21/0.0225＝187

第三，K_2O 养分所需三元复合肥施用量（千克）＝（4.5×4－5.67）/15％×50％＝（18－5.67）/0.075＝164

③ 配方施肥方案　根据上述计算结果和主要养分平衡原则，在保证钾养分供应的基础上，亩施三元复合肥（N：P_2O_5：K_2O＝15％：15％：15％）164 千克；磷养分缺 23 千克三元复合肥所含的磷含量，即缺五氧化二磷3.45 千克，应另配磷肥（含五氧化二磷 16％）21.5 千克；但氮素养分缺少 54 千克三元复合肥（N：P_2O_5：K_2O＝15％：15％：15％）所含的氮素养分，即缺少纯氮8.1 千克，应配施尿素（含氮 46％）17.6 千克。

（2）以黄瓜亩产 5000 千克产量为例，计算配方施肥方案　以纯鸡粪（N：P_2O_5：K_2O＝1.63％：1.54％：0.85％）为主施肥料。

① 根据土壤可供养分计算公式，分别计算出土壤可供养分量：

土壤可供 $N=100\times0.15\times0.30=4.5$（千克）

土壤可供 $P_2O_5=30\times0.15\times0.23=1.03$（千克）

土壤可供 $K_2O=70\times0.15\times0.15=1.58$（千克）。

上述速效养分测定值，分别取生产当地平均值；土壤肥力的养分系数分别取对应低值。

② 根据黄瓜对三大主要养分的吸收量，计算出施肥量　黄瓜每亩产量以 5000 千克计算所需氮、磷、钾吸收量分别最高值，肥料利用率分别取最低值，施用肥料分别以鸡粪为标准，分别计算出每亩黄瓜产量 5000 千克，所需养分分别需施多少纯鸡粪。

第一，N 素养分所需鸡粪施用量 $=(2.73\times5-4.5)/1.63\%\times30\%=9.15/0.00489=1870$（千克）

第二，P_2O_5 养分所需鸡粪施用量 $=(1.53\times5-1.03)/1.54\%\times15\%=6.84/0.00462=2960$（千克）

第三，K_2O 养分所需鸡粪施用量 $=(3.5\times5-1.58)/0.85\%\times30\%=15.93/0.00255=6247$（千克）

③ 配方施肥方案　根据上述计算结果与三大养分平衡的配方施肥原则，如果黄瓜要实现目标产量，亩应施用鸡粪 1870 千克，磷养分略有节余，不需另配施磷肥；钾养分缺少，4375 千克鸡粪中所含的氧化钾量 37 千克；应另加配钾肥（含 K_2O 为 60%）62 千克。

以上两种蔬菜作物施肥量的举例计算仅供参考。因为按上述配方施肥后，在生产实践中，由于选用品种不同，各项栽培技术不同，管理农事差异，土壤肥力（这里本身就是一个假定值）与质地差异，以及肥料施用、保管等诸多方面的差异，实际产量在目标产量基础上可能浮动范围较大。

6. 施肥量计算时应考虑的几个问题

（1）每生产1000千克蔬菜所需要的养分量，计算时以取大值为好；肥料利用率和土壤养分校正系数以取低值可靠。

因为取值时留有余地，能最大限度地考虑和满足施肥对目标产量的实现，不造成可能实现的目标产量因施肥不足而遗憾。这种取值，从很大程度上能超过目标产量。

根据笔者近两年的研究与调查总结对比，按上述取值进行计算与配方施肥，一般能超过目标产量1000千克以上。

（2）目标产量应根据蔬菜种类和不同品种来确定且略低　如辣椒大果型品种目标产量3000千克，小果型品种目标产量1000～1500千克，具体选取时可参照种子包装标识说明。如亩产能达5000千克的品种，计算施肥量时目标产量以定4000千克为宜，如只定3000千克，则浪费了地力及生产的其他成本；如亩产只能达到1000千克的小果型辣椒品种，目标产量以定1000千克为宜，如定2000千克，那也浪费了肥料，后两种目标产量的取值都是不科学的。

（3）选取肥料利用率时，应充分考虑肥料的保管条件、栽培设施条件、土壤条件和肥料质量等诸多因素。

（4）采用测土配方施肥后，要达到目标产量，需特别强调其他生产技术要配套跟上，否则目标产量将是纸上谈兵。

（5）菜地不只是能排灌方便，这里特别强调菜田必须爽水，成土性而不是泥性。在不爽水的泥性土地上种植蔬菜，肥料的好坏与施用量的多少，在生长势与产量上无法表现出来。

四、施肥原则与方法

生产实践中，投入同样多成本的肥料，产量相差甚远，这是常见的事实。因此，根据研究与调查了解，提出如下施肥原则。

1. 施肥原则

（1）根据生产质量目标与作物特性选择肥料种类的原则

① 根据生产质量目标选择肥料种类 质量标准，目前有无公害标准、绿色标准和有机标准三大类。肥料有有机和无机两大类。根据有关对农产品质量安全要求，生产有无公害蔬菜生产技术标准、绿色蔬菜生产技术标准和有机蔬菜生产技术标准，在无公害蔬菜生产技术标准、绿色蔬菜生产标准中允许合理适度地使用无机化学肥料，在有机蔬菜生产标准中，不能使用无机化学肥料，只能使用有机肥料及生物菌肥料。

② 根据作物特性选择肥料种类 有的蔬菜作物对氯离子敏感，如莴苣、丝瓜、马铃薯等，应选择含硫复合肥或含硫钾肥，切不可施用氯化钾肥或含氯复合肥。

（2）推广测土配方施肥原则 蔬菜测土配方施肥是一项先进科学的生产技术，它是根据不同蔬菜作物对养分吸收量的多少、土壤能提供养分量的多少、肥料所含养分量的多少以及考虑肥料利用率等因素而确定施肥量，在一般情况下，符合生产实际，是可行的。尤其是企业化规模生产，更应推广这项技术，有利于制订生产计划和提高产量。

（3）推广有机肥、无机肥配合施用的原则 有机肥有很多种类，其性质与益处，如前已作详述。这里要强调的是，有机肥又称完全肥，营养成分全面，施入土壤后，能显著改善土壤条件，提高肥料利用率，达到少施肥而增产的效果。但如果只施有机肥，除了增加生产成本外，即便施用量再多，产量也不能达到目标要求。因为除草木灰含钾量较高之外，其他畜禽粪尿、人粪尿和饼肥，氮素养分含量较高，但钾含量较低而造成养分供应失调，引起作物徒长，反而会减产。

化学肥料，尽管从三大主要养分满足了目标产量所需，但如果单施化学无机肥，一二年后，即使用量再大，产量反而下降，这是因为化学肥料的长期大量施用，破坏了土壤结构，影响了肥料利用率，导致作物生长的生理障碍。

因此，为了获得蔬菜生产的稳产高产、培肥地力和高效栽培的目的，只有有机肥与无机肥配合施用，取长补短，缓急相济，才能起到既用地又养地的双重效果，这是因为对蔬菜作物生长中所需中、微量元素养分基本上还没有量化研究数据，而施入有机肥后，或多或少地能提供蔬菜作物生长所需的中、微量元素养分。

如果要实现有机蔬菜的高产，单施某种有机肥，量虽多，但很难达到目标产量，还应配方草木灰等含钾量高的有机肥种类，使之养分供应达到某种蔬菜作物生长之所需。

（4）推广及早追肥和看苗追肥的原则　早追肥是促进蔬菜作物早发快长的前提，追肥一般使用化学氮肥、沼气液、人畜粪尿，并且于定植后施第一次，浓度要稀，化学氮肥浓度一般为 0.4%，这次肥水有双重意义，既稳苗又追肥；第二次追肥应在定植后 10～15 天进行。

看苗追肥是蔬菜作物进入生长旺盛期时，根据苗情长势决定是否追肥以及追什么肥。此时一般以进行叶面追肥为主。

（5）推广根部施肥与叶面施肥相结合的施肥原则　作物对其所需养分的吸收，是通过根部和叶部吸收，不可否认，除气态养分，如二氧化碳（根部也可少量吸收）等，是通过叶部吸收外，其他养分（矿质和有机养分）绝大多数是通过根部吸收，但也有相当多的矿质和少量有机养分是通过作物叶面上的气孔吸收的。关于叶面施肥技术，已成为农业生产中一项被广泛接受并正在大力推广的农业生产科学技术。

（6）坚持饼肥、畜禽粪尿、人粪尿等有机肥必须通过充分腐熟发酵后才能施用的原则　上述肥料如未经充分腐熟发酵施入土壤，而腐熟发酵这个过程不可避免，则在发酵过程中，会发热和产生氨气等有害气体，尤其在设施（大棚）内，很容易造成氨气中毒，使蔬菜作物烧根，导致发育不良和死苗枯叶。这种现象在各地时有发生，给生产者造成了难以承受的损失，少则上千元，多则几万元。

（7）强调根据土壤酸碱度选用磷肥种类的原则　磷肥有过磷酸钙（酸性）和钙镁磷（弱碱性）两类。酸性土壤施用钙镁磷肥，碱性土壤施用过磷酸钙较为理想。

2. 施肥方法

（1）根据翻地工具、栽培条件、肥料种类确定基肥施用量　蔬菜作物生长期不长，一般为 2～3 个月，基肥是早施肥的基础，尤其是有机肥，有一个肥料在土壤中的分解过程，无机肥也有一个被分解后才能被作物吸收的过程，作基肥施用，为肥料的分解提供了一个被分解的时间余地。

① 根据翻地工具和肥料种类确定基肥施用量　机械翻耕菜地，可将计划施用的肥料作基肥一次性施入；人力翻耕菜地，有机肥料（不论肥料种类）和磷肥，作基肥一次性施入，化学复合肥最多每亩施用 50 千克，超量施用可能影响出苗率和移栽成活率。

② 根据栽培条件和肥料种类确定基肥施用量　随着地膜覆盖栽培技术的推广，根部追肥变得比较困难，最好

是将所需施用的肥料一次性作基肥施入。

（2）推广基肥深施、撒施的施肥方法　基肥有撒施、沟施和穴施三种方式，这里推广基肥撒施。因为蔬菜作物的根系 80％以上在土层 20～25 厘米内，基肥撒施、深施，能使肥料养分均匀分布于土层各处，使根系走到哪里，都有足够的养分给其吸收，同时由于撒施深施翻土，避免了肥料集中（尤其是有机肥、钾肥）引起的肥料中毒、造成肥害；特别是早春大棚和小拱棚保护地栽培，如果在翻土后撒施基肥，造成肥害（氨气中毒）的现象时有发生。

基肥还有翻土后沟施、穴施等方法，据了解，都不如撒施后再翻土的施用效果好。

（3）推广肥料随施随翻的施肥方法　基肥撒施后，不能暴露于土面太久，一般以施肥后不超过 1 小时就进行翻耕，如果是沟施或穴施，施肥后在 1 小时内进行拌匀，使土、肥相融后覆土。尤其是铵态氮化学肥料，在施肥后应尽可能缩短翻耕或覆土时间。

（4）推广肥料按种类分开施用的方法　基肥施用，肥料种类可能有很多种，但需分开施用，不要把多种肥料混合后一次撒施，尤其是生物菌肥和碳酸氢铵，以免造成肥效损失和杀死生物菌。

（5）合理适量施用生物菌肥　生物菌肥能激活改良土壤，在施用时应考虑以下几点：

① 要高产，只能与有机肥或化肥配合施用。

② 单独施用，成本太高，不合算，同时也不能达到高产的目的。

（6）推广施肥整地后浇透水再盖地膜的方法 如果施肥整地后盖膜，因为土壤较干，肥料不能充分溶解，在土壤中不易产生液流，影响作物根系对养分的吸收。因此整地后一定要将土壤浇透水，或待下一场大雨将土壤淋透水后，再盖地膜。

第四节 营养调控与叶面施肥技术

叶面施肥是根据作物的生长势选择叶面肥种类，由于某些植物生长调节剂在某个生长期对产量和品质能起到比施其他肥更好的效果。因此，这里将某些植物生长调节剂的使用与叶面施肥一并介绍。

叶面施肥的使用技术与方法，也是影响和制约叶面施肥效果的因素之一，因而为了提高叶面施肥的效果，应采取正确的施肥技术。正确的施肥技术，不但可以增强作物的抗逆性，而且还可以改善作物品质和提高产量，这样才能切实有效地提高叶面施肥的效果。

一、叶面肥类型与特性

把对作物生长有利、能提高产量并对人体健康无害的用作叶面喷施的物质，统称为叶面肥。叶面肥按其功能作用，可以分为控制徒长类、促进生长类、补充养分类等种类，现分别介绍如下。

1. 控制徒长类

控制徒长类主要是延缓植物生长过快，在蔬菜生产上主要是防止果菜类徒长，以及由于徒长所引起的不结实现象。该种叶面肥是近年来蔬菜生产上应用较多的一类生长调节剂，其延缓作用的机理，一般认为是抑制赤霉素的生物合成。

（1）蔬菜矮壮剂 喷施本品后，可使得植株茎粗、节短、节位下降以及保花保果；坐果率高，果大均匀，根系发达，叶厚色深，延缓衰老，并能促进雌花增多，对根系生长有促进作用；同时能平衡植株生长，预防卷叶、脐腐、裂暴、畸形等多种生理障碍，吸收好，见效快，是目前值得推广的一种控制徒长类调节剂。

其使用方法按商品标识说明进行。

（2）矮壮素 矮壮素又名"CCC"，市售剂型为50％的矮壮素水剂，是赤霉素的拮抗剂。可经叶片、幼枝、芽、根系和种子进入植物体内，抑制植物体内赤霉素的生物合成，控制植株徒长，促进生殖生长，使植株节间缩短，长得粗壮，根系发达，抗倒伏，叶色加深，叶片加厚，叶绿素含量增多，光合作用增强，提高作物抗逆性，改善品质，增加产量。在蔬菜生产上的应用有：

① 番茄 用50％的矮壮素，使用时兑水2000～2500倍稀释成200～250毫克/千克的矮壮素水溶液。当秧苗较小、徒长程度轻微时，可喷雾；当秧苗较大、徒长现象严重时，可用每平方米1千克药液浇施，注意用药均匀。

矮壮素使用效果与温度有关，18～25℃为最适温度，故宜早、晚或阴天施药，施药后禁止通风，冷床需盖上窗框，塑料大棚需扣上小棚或关闭门窗，以提高空气温度，促进药液吸收。施药后 1 天内不可浇水，以免降低药效。中午，因阳光强烈，气温过高水分蒸发快，药液来不及吸收，易产生药害，故不可用药。如秧苗未出现徒长现象，最好不用矮壮素处理，即使徒长，用药次数也不能超过 2 次。

② 辣椒 对有徒长趋势的辣椒植株，于初花期喷洒，浓度为 20～25 毫克/千克，均能抑制茎、叶生长，使植株矮化粗壮，叶色浓绿，增强抗寒和抗旱能力。花期用矮壮素 100～125 毫克/千克液喷雾，能促进早熟、壮苗增产。

③ 茄子 花期用 100～125 毫克/千克矮壮素液喷雾，促进早熟、增产。

④ 夏莴苣 夏莴苣苗期喷 1～2 次浓度为 500 毫克/千克矮壮素液，能有效防止幼苗徒长；莲座期开始喷施矮壮素，也能防止徒长，促进幼茎膨大，使用方法为 7～10 天一次，共 2～3 次，使用浓度为 350 毫克/千克。配制方法为：市售 50%水剂 10 毫升/瓶，每瓶兑水 10 千克即500 毫升/千克，若兑水 15 千克即为 350 毫克/千克。

⑤ 马铃薯 蕾期和花期用 50%矮壮素水剂。含量0.2%，能使植株变矮、增产。

(3) 缩节胺 缩节胺又名调节啶，是一种新型的内吸性植物生长调节剂，易被植物吸收，一般叶面喷施，通过叶子吸收并传导，也可通过植物根部吸收、传导。缩节胺可促进叶片的叶绿素合成，抑制或刺激细胞生长，促进植物地下部分生长，使根系活力提高，增加离子的吸收，提高氮、磷肥的利用率，增加干物质的产量，使果实增重、品质提高。

蔬菜生产中，尤其是在保护地种植瓜果蔬菜时，常因阴雨或管理不善等不利因素引起徒长，使得花果脱落、植株倒伏，造成晚熟或减产，此时可施用缩节胺来解决。但使用该药浓度过大、抑制过头产生药害时，可用加大肥水或喷施一定浓度的赤霉素来解除。

① 秋莴笋 定植成活后喷施 50 毫克/千克缩节胺液，能有效地改变秋莴笋个体和群体结构，使株型变得紧凑，达到控制窜薹，促茎增粗、改善商品性状的目的。

② 西瓜 当西瓜因施用肥水不当，出现营养生长过旺，且难以坐瓜时，在雌花大量开放后、灌膨瓜水前进行喷施。每亩用 23 克，兑水 30～40 千克均匀喷雾，可稳花稳瓜，提高坐瓜率。

③ 番茄 第一次施用于移栽前，第 2 次在初花期，用浓度 100 毫克/千克的缩节胺，可抑制腋芽生长，促进开花，防止落花落果，促进早期结果率增加 50%～100%，总产量增加 20%～30%。

（4）多效唑 多效唑（PP333）是 20 世纪 80 年代开发的植物生长调节剂兼杀菌剂，属三唑类农药。1988 年，江苏宜兴市生物化工厂应用专利新工艺进行生产剂型为15%的可湿性粉剂，生产厂家还有江苏建湖农药厂、浙江兰溪农药厂、上海联合化工厂等。其主要作用是抑制植物体内赤霉素的生物合成，进而有效地抑制植物的营养生长，使更多的同化物质（养分）转向生殖器官，给提高产量奠定了物质基础。试验证明，它能使作物茎秆粗壮，缩短节间，增加节数，降低植株高度，调节株型，防止倒伏，促进分蘖，增加分枝增长，使叶片紧密、叶色浓绿，增强光合作用，促进根系发达，增强抗性，提高坐果率，增大果实，提高产量，改进品质。蔬菜生产上正在进行大量的试验应用，成功的报道有：

① 番茄　用150毫克/千克多效唑液处理番茄徒长苗，能有效控制秧苗徒长，促进生殖生长，利于开花坐果，收获期提早，早期产量和总产量都有所增加。

用75毫克/千克多效唑处理大棚番茄苗（8厘米高），对培育壮苗、提早成熟以及增产均有明显效果。

幼苗期出现徒长，离定植期较近而又必须控制苗高时，以40毫克/千克为宜，若用75毫克/千克，有效时间为三周。如控苗过度，可随时叶面喷洒100毫克/千克赤霉素液解除，使恢复正常生长，保壮苗。

② 大棚秋黄瓜　四叶期用100毫克/千克多效唑液处理，能提高坐果数和存活率。浓度过低，抑制效果不明显；过高，则生长受抑制程度过大，产量下降。

③ 辣椒　用100毫克/千克多效唑浸根15分钟后移栽，叶面宽厚，根系发达，茎秆粗壮，抗病性、抗倒伏性增强。对生长及产量均有显著促进和提高作用。浓度过低，效果不明显；过高，反使产量大幅度下降。

④ 紫菜薹　三叶期用200毫升/千克多效唑处理，能有效控制幼苗徒长，提高幼苗质量，极显著增加产量，提高抗病能力，上市期推迟7天左右，但中期产量高，效果好。

⑤芋头　应使用多效唑浓度以 10 毫克/千克最好，施用适宜浓度范围为 5～20 毫克/千克，采用土壤浇施，每株 100 毫升。施用时期宜在芋头采收前一个月左右为好，不宜过早。另外，肥力不足的芋头地不需使用。在芋头生产上应用多效唑，用药成本低，增产效果显著，经济效益高，操作方便，见效快。

2. 促进生长类

（1）赤霉素　赤霉素（九二〇）是一种高效能的植物生长刺激素，能促进细胞、茎生长，也增加植株高度，促进植株生长，也促进生理或病毒型矮化植株的生长；打破某些蔬菜的种子、茎块和鳞茎等器官休眠，提高发芽率，起到低温春化的长日照作用，促进和诱导长日照蔬菜当年开花；促进蔬菜坐果、保果和果实的生长发育，诱导单性结实。赤霉素在低温、干旱、弱光和短日照等逆境条件下应用效果更显著。

①剂型及母液配置　剂型有 85% 结晶粉剂、4% 乳油和 10 毫克的片剂。乳油和片剂易溶于水，可直接配置使用。粉剂难溶于水，易溶于醇类，故配置时，取 1 克结晶粉，放入量筒中，加少量酒精或高浓度白酒溶解后，加水稀释到 1000 毫升，即约 1000 毫克/千克赤霉素母液。配药时不可加热，水温不得超过 50℃，使用时根据所需浓度取母液配用。

②在蔬菜生产中的应用技术

a. 延缓衰老及保鲜

黄瓜：收获前使用 25～35 毫克/千克赤霉素液喷瓜一次，可延长贮藏期。

西瓜：收获前使用 25～35 毫克/千克赤霉素液喷瓜一次，可延长贮藏期。

蒜薹：用 40～50 毫克/千克赤霉素液浸蒜薹基部 10～30 分钟处理一次，能抑制有机物质向上运输，保鲜。

b. 保花保果，促进果实生长

番茄：用 25～35 毫克/千克赤霉素液，在开花期喷花一次，可促进坐果，防空洞果。

黄瓜：用 70～80 毫克/千克赤霉素液，在开花期喷花一次，可促进坐果、增产。用 35～50 毫克/千克赤霉素液，在幼瓜期喷瓜 1 次，促进果实生长、增产。

茄子：用 25～35 毫克/千克赤霉素液，在开花期喷花一次，能促进坐果、增产。

辣椒：用 20～40 毫克/千克赤霉素液，在开花期喷花一次，能促进坐果、增产。

冬瓜：用 30 毫克/千克赤霉素液，在幼瓜期喷瓜一次，能促进坐果、增产。

甜瓜：用 35 毫克/千克赤霉素液，在幼瓜期喷瓜一次，能促进果实生长。

菜瓜：用 35 毫克/千克赤霉素液，在幼瓜期喷瓜一次，能促进果实生长、增产。

南瓜：用 25～30 毫克/千克赤霉素液，在幼瓜期喷瓜一次，能促进果实生长、增产。

豇豆：用 15～30 毫克/千克赤霉素液，在花荚期喷花荚一次，保花保荚、增产。

四季豆：用 15～20 毫克/千克赤霉素液，在花荚期喷花荚一次，保花保荚、增产。

西瓜：用 20 毫克/千克赤霉素液，在花期喷花一次，能促进坐果、增产。幼瓜期喷瓜一次，能促进幼瓜生长、增产。

c. 促进营养生长、提早上市

芹菜：在采收前 15～20 天开始，用 35～50 毫克/千克赤霉素液，每隔 3～4 天喷洒一次，连喷 2 次，增产 25％以上，茎叶肥大，提早上市 5～6 天。

菠菜：当菜苗生长到 5～6 片真叶时开始，用 15～20 毫克/千克赤霉素液，每隔 5～6 天喷一次，连喷 2 次，增产 25％以上，叶片肥大，提早上市 4～5 天。

苋菜：当菜苗长到 5～6 片真叶时，用 20 毫克/千克赤霉素液喷施一次，增产 15％以上，提早上市 4～5 天。

茼蒿：用 10～20 毫克/千克赤霉素液，收获前 10 天喷叶一次，使叶片肥大。

韭菜：在植株 10 厘米高或收割后 3 天，用 20 毫克/千克赤霉素液喷一次，增产 15％以上。

芫荽：用 20～25 毫克/千克赤霉素加 0.5％～1％的尿素混合液喷施，在收获前 10～15 天喷叶 1～2 次，叶片肥大。

小白菜：用 15～25 毫克/千克赤霉素液，收获前 3～5 天喷叶一次，使叶片肥大。

莴苣：春季早莴苣在采收前 20 天、迟莴苣在采收前

10天，用10～20毫克/千克赤霉素液喷叶一次，增产10%以上，提早上市5～6天。

菜薹、雪里蕻：在采收前15天左右或6～8片叶时用20毫克/千克赤霉素液喷叶一次，增产10%以上，提早上市4～5天。

马铃薯：用40毫克/千克赤霉素液，在齐苗后3～5天喷叶一次，提前收获、增产。

蘑菇：用400毫克/千克赤霉素液，在原基形成时浸蘸料块，可使子实体增大、增产。

d. 诱导雄花，提高制种产品

在黄瓜制种时，于幼苗2～6片真叶时喷施50～100毫克/千克赤霉素液，可减少雌花、增加雄花，使雌株黄瓜成为雌雄同株。

e. 促进抽薹开花，提高良种繁育系数

赤霉素可代替春化作用，诱导生长在短日照条件下的长日照蔬菜开花，用50～500毫克/千克的赤霉素液喷洒植株或滴生长点，可使胡萝卜、甘蓝、萝卜、芹菜、大白菜等二年生长日照作物，在越冬前的短日照条件下抽薹开花。这对缩短生育期、加速种子繁殖有重要意义。

大蒜在花茎伸出叶片初期喷施赤霉素，浓度30～40毫克/千克，可加快抽薹速度，增加蒜薹前期产量。用500毫克/千克赤霉素液处理花椰菜，每隔1～2天喷一次，可促进开花。

f. 打破休眠

用200毫克/千克赤霉素液在30～40℃高温下浸种24

小时后催芽，可顺利打破莴笋种子的休眠，此法比民间采用的深井吊种催芽法省事，且发芽齐、匀。

打破马铃薯茎块休眠，可用 0.5～2 毫克/千克赤霉素液浸马铃薯切块 10～15 分钟或 5～15 毫克/千克浸泡薯 30 分钟，休眠期短的品种浓度低些，长的高些。在马铃薯收获前 1～4 周田间处理，即分别用 1000～2000 毫克/千克赤霉素液喷洒植株，也能促进茎块萌芽。

用 50～100 毫克/千克的赤霉素液处理茄科种子、十字花科种子，促进发芽。

用 500～1000 毫克/千克的赤霉素液处理伞形科种子，促进发芽。

打破草莓植株休眠：在草莓大棚促成栽培、半促成栽培中，盖棚保温 3 天后，即花蕾出现 30% 以上时进行，每株喷 5～10 毫克/千克赤霉素液 5 毫升，重点喷心叶，能使顶花序提前开花，促进生长，坐果集中，提早成熟。

g. 解除多效唑和矮壮素发生的药害。若发生过量为害时，可用 25～50 毫克/千克的赤霉素液喷施来解除。番茄因防落素使用过量造成药害，可用 20 毫克/千克赤霉素溶液喷施来解除。

赤霉素对乙烯利抑制黄瓜苗生长有逆转效应，使用浓度过高的乙烯利如 500 毫克/千克，会影响黄瓜幼苗的生长，使黄瓜幼苗趋向老化，用 10 毫克/千克赤霉素溶液处理，能有效地逆转黄瓜幼苗的生长。

③ 注意事项

第一，不能与碱性物质混用，但可与酸性、中性化肥、农药混用，与尿素混用增产效果更好。水溶液易分解，不宜久放，宜现配现用。

第二，使用赤霉素只有在肥水供应充分的条件下，才能发挥良好的效果，不能代替肥料。

第三，必须掌握适宜的使用浓度和使用时间，浓度过高会出现徒长、白化，直到畸形或枯死，浓度过低作用不明显。对叶类蔬菜用药液量因作物植株的大小、密度不同而不同，一般每亩每次用药液量不少于 50 千克。

(2) 细胞分裂素　细胞分裂素是一类具有促进细胞分裂和其他生理功能的物质总称。它能刺激植物细胞分裂，促进叶绿素形成，提高植物的抗病性和抗寒性，增加瓜菜的含糖量，防止植株早衰和花果脱落，故在蔬菜瓜果中的防病增产潜力很大。它对植物不会产生药害，对动物也无毒性，无致畸、致癌、致突变等问题，是一种无公害的生物激素。

各种蔬菜在定植后每隔 7～10 天连续喷洒 3 次，可增产 20％～30％。也有喷 6～9 次的，增产幅度可提高到 35％～50％。其主要种类有：

① "5406" 菌肥　"5046" 菌肥对由真菌、细菌、病毒等所引起的各种病害，能减轻 50％以上，并能防止植物早衰、花果脱落以及冻害、黄化等生理病害，对黄瓜、番茄等多种蔬菜，既能提前成熟，又能延长收获的时期，经济效益好。

"5406" 菌肥还可以提高蔬菜品质。使用 "5406" 的黄瓜，弯瓜出现很少；番茄风味变浓；大白菜包芯坚实；

花椰菜不易开散，并能延长贮藏时间。在各类蔬菜上的使用为：

西瓜："5406"制剂50～100倍液，浸种24～48小时，当西瓜生长到7～8节时，使用600～800倍液喷洒，以后每隔7～12天连续喷洒3～4次，增产30%，早熟3～7天。

黄瓜：定植活蔸后喷第一次"5406"Ⅲ号制剂600倍液，以全株叶面喷湿为度。以后每隔7天喷1次，共3次，早熟6～7天，化瓜率明显降低，产量增加，霜霉病大大减轻。"5406"Ⅲ号制剂每0.5千克加水稀释600～800倍可喷0.3～0.47公顷，每喷一次只需成本0.4～0.5元，而经济效益是用药成本的几十倍或上百倍。但须注意，"5406"细胞分裂素是一类类似生长素和激动素的物质，生产上不可以用来代替肥料。其增产作用只有在合理施肥的基础上才能充分发挥。

茄果类："5406"菌种粉以浸种、拌种和作底肥用比较经济，而"5406"Ⅲ号制剂（粉剂）以叶面喷洒较为经济方便。茄果类育苗，从苗床开始喷洒，对培育壮苗，促进花芽早分化、早坐果大有好处，而且操作起来又能节省劳力、时间和开支（育苗地面积小、用量少）。茄果类蔬菜分别在育苗期（作叶面喷洒）、定植期（作底肥）和定植后（叶面喷洒）3个不同的生育期中施用"5406"的增产幅度大，尤其是茄子，叶面积大且粗糙，吸收量相对要多，增产增收幅度大，药液浓度为600倍。

②新型细胞分裂素抗生素"通微一号"　该产品内含

有大量的细胞分裂素、玉米素、多种氨基酸、抗生素，作物施用后，能促进细胞更快地分裂，加强作物光合作用，更快更多地积累干物质，增强抗寒、抗病能力。各种作物均可喷雾。全生育期 1～3 次，每次 1～3 袋，花期 1 次，前后各隔 7 天 1 次，兑水 300～500 倍。如在草莓上施用可增产 35% 以上，含糖量提高 2 倍多，各种大棚、露地蔬菜使用后均能增产增收 25% 以上，减少病害 65% 以上，坐果率高，品质好。

（3）KT-30 KT-30 是一种具有细胞分裂素活性的生长调节物质，对西瓜具有极强的促进坐瓜作用，可免去人工辅助授粉工序。对于不良气候条件下西瓜的坐果，提早上市，提高产量与经济效益，均具有重要的实用价值。使用时，用 100 毫克/千克 KT-30 溶液处理开花当天或前 1 天的雌花果柄 1 次即可。

（4）油菜素内酯（481）（BR）和 NDBS 增产灵 油菜素内酯 Brassinolide（简称 BR）是美国米切尔博士等人于 1970 年首次在油菜花粉中发现的一种新型生长调节物质。它不仅具有生长素、赤霉素和细胞分裂素的多种功能，是已知激素中生理活性较强的一种，而且在植物体内的含量和施用量极微，1982 年第 11 届国际植物生长物质交流会上公认其是一类新型的植物生长促进剂，是继生长素、赤霉素、细胞分裂素、脱落酸和乙烯五大类激素之后的第六大类激素；具有成本低、见效快、增产显著等特点。目前，常见剂型由成都朝阳生物激素研究所引进生产，代号"481"，包装为 0.02% 可湿性粉剂，每袋 10 克装；还有长沙县应用技术研究所生产的 NDBS 可湿性粉剂，每袋 12.5 千克。其作用有：

a. 促长增产

用 0.01 毫克/千克 BR 液叶面喷施莴笋、萝卜、马铃薯、大白菜、甘蓝、蕹菜等，可增产 15%～76%；用 0.04～0.1 毫克/千克 BR 液喷芹菜，增产 36%～57%。花椰菜处理浓度不宜大于 0.001 毫克/千克。

b. 保花保果

用 0.01～0.05 毫克/千克的 BR 喷施番茄、黄瓜、西瓜，全生育期 3 次，第一雌花节位下降，花期提前，坐果率及产量明显提高。用 0.01 毫克/千克 BR 液喷施豇豆、菜豆增产 10%，辣椒增产 10%～25%，茄子增产 30%～40%。施用中应注意，浓度达 0.1 毫克/千克对以上蔬菜生长有抑制作用。

c. 增强抗寒、抗病性

用 BR 对黄瓜浸根或叶面喷施，在低于 10℃ 的临界低温下，其叶面积、株高、根部干重、总根长均增加，并减轻了低温下叶片黄化症状。用 0.05 毫克/千克 BR 液浸泡黄瓜、西葫芦种子，在早春低温下，种子发芽势、发芽率均明显提高，幼苗耐寒、抗冻能力增强。

用 0.01～0.05 毫克/千克 BR 液处理幼苗，可抑制西瓜炭疽病发生。用 0.01 毫克/千克 BR 液处理幼苗，可抑制茄子、辣椒猝倒病发生，也可抑制大白菜、甘蓝软腐病以及莴笋菌核病的发生。

d. 提早成熟，延缓衰老

用 0.01～0.05 毫克/千克 BR 液处理西瓜、黄瓜、番茄、茄子等植株可延缓植株衰老。用 0.04～0.1 毫克/千克 BR 液处理芹菜植株，叶柄增粗变白。

e. 提高吸收肥水能力

用 0.05 毫克/千克或 0.01 毫克/千克 BR 液处理西葫芦种子，浸种 10 小时后播种，能显著地提高幼苗的健壮程度，提高根系吸收水肥能力，从而增强植株对外界逆境的适应能力。0.05 毫克/千克 BR 液对幼苗的水肥吸收有更大的促进作用，对钾的吸收及运转能力可增加 4.7 倍。

(5) 891 植物促长素　891 是一种复合植物生长调节剂，它以激活植物新陈代谢过程中酶的活性物质有机钛为主要对象。以叶面喷洒为主，易被植物吸收，能增强光合作用及干物质积累，从而达到增产的效果。其在几种蔬菜生产上的应用如下所述。

茄子：用 891 植物促长素 250 毫克/千克溶液，在全生育期喷药 3 次，对植株的营养生长有一定的促进作用，能显著地提高早期产量，增加植株株高。

大白菜：用 891 植物促长素 300 倍液，在幼苗期、莲座期、包芯期分三次喷施，每亩可增产 200 多千克，提早上市 5～7 天，且对软腐病、霜霉病有抑制作用。

大棚黄瓜：据报道，用 891 植物促长素 400 倍液，伸蔓期喷 1 次，隔 14 天后喷第 2 次，雌花多，瓜条直，霜霉病少。

西瓜：据报道，在伸蔓、坐果、膨果期各用 891 植物促长素 350～400 倍液喷 1 次，茎蔓粗壮，瓜果一致，提早上市 3～5 天，增产 20％左右。

（6）三十烷醇　三十烷醇又名蜂花醇，是 20 世纪 70 年代中期发现的新型植物生长调节剂。其对农作物有着多种生理功能，增产明显。主要表现为增强植物体内酶的活性，促进作物花芽分化和须根生长；提高叶绿素含量，增强光合作用；促进早熟，提高结实率；促进矿质元素的吸收，增加蛋白质含量；促进受伤组织的愈合；促进作物对水分的吸收，减少蒸发，增强抗旱能力；具有无污染、用量微、成本低、效益高的特点。

多年的应用实践表明，其适宜的浓度和合理的使用方法对多种蔬菜具有不同程度的增产效果，其中以在食用菌方面应用最广泛。

① 食用菌

喷洒浓度：菌丝体阶段 1 克兑水 5 千克，子实体阶段 1 克兑水 50 千克。

喷洒时间：可在拌菌料、显菌菇、子实体阶段三个时期喷施。

喷洒方法：从显菌菇开始将塑料布、报纸揭去后，用喷雾器喷在菌砖上面，每期最好分三次喷，每隔 2 小时一次，量要少，以不流掉为度，以利菌砖的吸收，减少浪费。可因地制宜，灵活掌握。

每平方米菌砖能采收蘑菇 5～8 茬，每采一茬后及时消除杂物，喷施三十烷醇，按原管理方法管理。

② 叶类菜　白菜、韭菜、芹菜、甘蓝等叶面喷施，每隔 7～10 天喷 1 次，共喷 2 次。浓度以 0.5～1 毫克/千

克为好。喷洒时间以晴天上午 9～11 时或下午 3～5 时进行，以下午喷施最好。低温效果不明显，一般以气温 20℃左右喷施最好，喷后 4 小时内遇雨应重喷。

3. 防止器官脱落类

蔬菜器官的脱落，主要是指落花、落果和落叶。过去认为是由生长素的浓度所导致，现在认为与脱落酸有关。脱落酸（ABA）的含量关系到植物器官的脱落与芽的休眠。

（1）防落素 防落素又称番茄灵、坐果灵，化学名称为对氯苯氧乙酸，是一种比 2,4-D 毒性小、药害轻、使用方便、节省劳力的新型激素。可替代 2,4-D，使成本降低 50％～70％。以 A-4 型防落素效果最好，是一种添加助效剂的高效复合型植物生长调节剂，成品为粉剂，每包净重 5 克；主要作用是促进植物生长，减少脱落酸的含量，防止落花落果，加速果实发育，形成无籽果实，提早成熟，不易产生畸形果，提高产量并改善品质。在各类蔬菜生产上的使用方法如下：

① 番茄 当花穗有 2～3 朵花开放时，用手持喷雾器喷洒花穗。一般 1 个花穗只要喷 1 次就有效，如果 1 个花穗的花数很多，可以对后期开的花再喷洒一次，同一田块的不同植株和不同花穗，开花有先有后，可每隔 3～5 天喷 1 次，以花朵喷湿为度，不要过多或过少。应用 A-4 型防落素，防止番茄落花的浓度，要根据喷时的气温来定。温度高于 30℃，用 10 毫克/千克，温度低于 20℃，用 50

毫克/千克，温度在 20℃ 与 30℃ 之间用 25～30 毫克/千克。

② 秋菜豆　当第一、二花穗开始开花时，每隔 3～5天，用 A-4 型防落素 2～5 毫克/千克溶液喷花，可明显提高结荚率，改善品质，提高产量 1 倍以上，注意整个花期都要喷洒，才能持续结荚，中途停用会影响产量。

③ 豇豆　开花期间，每隔 4～5 天，用 A-4 型防落素 2～3 毫克/千克溶液喷花一次，提高结荚率，产量高。

④ 黄瓜　每一雌花开花后 1～2 天，用 A-4 型防落素 100～200 毫克/千克喷幼瓜，可防止化瓜，促进果实生长。

⑤ 冬瓜　开花时，用 60～80 毫克/千克 A-4 型防落素液喷雌花，坐果率达 80%（不处理的只有 50%～60%），果实膨大生长快，结大瓜多，产量高。

⑥ 茄子　茄子在含苞待放的花蕾期或花朵刚开放时，用 30～50 毫克/千克的 A-4 型防落素液向花上喷洒，每隔 5～7 天喷 1 次，坐果率提高 5%～23%，果重增加 9%～39%。也可浸花。

⑦ 辣椒　开花期间，用 15～30 毫克/千克防落素液喷花，可有效防止落花，提高坐果率，果实生长快，提早成熟，增加产量。喷花时应注意尽量不要喷到嫩芽、嫩叶上，以防产生药害。

⑧ 大白菜　采收前 3～10 天，每亩喷浓度为 40～100 毫克/千克的 A-4 型防落素溶液 50～100 千克，沿白菜基部自下而上喷洒，以喷湿叶面而水不下滴为宜。喷药后的

白菜耐贮藏。

⑨ 应用防落素喷花注意事项

第一，应用防落素喷花的同时要加强肥水管理，可使 3 穗以上花序的结果率明显提高。

第二，在允许浓度范围内，高浓度比低浓度效果好。但喷花时应避高温，选择适温时使用。

第三，番茄上喷施防落素，坐果率提高一倍以上，果重提高 15% 以上，因此体内养料消耗极大，前期必须注意培养壮苗，生长中后期增施氮磷钾及其他肥料，还可配合使用其他生长素如十三烷醇、广增素 802。

第四，为增加大果率，须进行疏果、摘除僵小果等工作。

第五，施药时，尽量减少对嫩叶过多地用药。

(2) 2,4-D 丁酯 2,4-D 丁酯是一种活性很强的苯酚化合物，是 2,4-D 激素型药剂的一种加工剂型，高浓度下是一种选择性除草剂。在一定的浓度范围内，可以防止果菜类的落花落果，并能诱导产生无籽果实，特别是在温度低于 15℃ 和夜温高于 22℃ 以上时，效果尤其显著。实践表明，番茄开花时，夜温低于 13℃ 或高于 22℃，会引起落花；辣椒生长期的低温弱光和后期的高温干旱，易引起落花落果；茄子由于花器构成上的缺陷，开花期气温低于 15℃ 或高于 38℃，会引起落花。

① 使用浓度 番茄用 10~25 毫克/千克 2,4-D 丁酯液浸花，夜温低于 13℃ 时，用 25 毫克/千克液，高于 22℃ 时，用 10 毫克/千克液；茄子用 30~34 毫克/千克液

浸花或点花；辣椒可用 5～10 毫克/千克液喷花。

② 使用方法

浸花：将配好的药液盛入杯中，选择花蕾即将绽开的花朵，浸入配好的 2,4-D 丁酯药液中，浸到花柄。一般浸花处理后 2～3 天，花柄开始变粗，子房开始膨大，并有可能形成无籽果实。

点花：将配好的药液，用毛笔蘸药液涂抹于花柄及萼片上。

喷花：将配好的药液用小喷雾器对花而喷。

③ 使用效果　番茄应用 2,4-D 丁酯保果，果实膨大生长快，早熟，可提早 10 天左右采收，同时显著增加前期产量和总产量。茄子应用 2,4-D 丁酯保果，不仅可防止落花，而且可以增加早期产量。辣椒应用 2,4-D 丁酯保果，坐果率大幅度提高，且果实膨大、生长迅速。

④ 注意事项　2,4-D 丁酯是一种较易出现药害的植物生长调节剂，在使用过程中应注意严格掌握使用浓度、处理时期、使用部位；浸花、点花时药液不能沾染到嫩枝及幼芽上；已处理的花朵不能重复处理；它不能代替肥料和其他农业措施，若出现药害，应加强肥、水管理，增施速效肥料促新叶。

（3）萘乙酸　萘乙酸为广谱性植物生长调节剂，可促进细胞分裂，诱导形成不定根，增加坐果，改变雌雄花比率等。经由植物叶片、嫩枝表皮、种子进入植物体内，随营养液流疏导到起作用的部位。商品剂型有 70％萘乙酸钠盐，易溶于热水。在蔬菜上的用途主要有：

① 防菜豆花荚脱落、辣椒落花　菜豆开花结荚期，用 5～25 毫克/千克的萘乙酸溶液喷花，可有效地减少落花落荚。辣椒开花期喷花，浓度为 50 毫克/千克，7～10 天 1 次，共 4～5 次，能明显提高坐果率，促进果实生长，增加果数和果重。

③ 防大白菜脱帮　用 50～100 毫克/千克萘乙酸液在大白菜收获前 5～6 天，喷洒白菜基部，防止脱帮效果好。

③ 防萝卜糠心　萝卜播种后 25～30 天和 35～40 天，各喷一次浓度为 10 毫克/千克的萘乙酸防生长期糠心；收获前 10 天左右再喷一次，控制在贮藏期早糠心。

④ 防马铃薯贮藏期发芽　萘乙酸 250 克拌细土 15 千克，均匀撒在 5000 千克马铃薯贮藏堆内，可控制发芽，有效期 4～6 个月。

⑤ 便于扦插繁殖　从露地栽培的黄瓜植株上，剪取侧蔓，每段 2～3 节，分别用稀释 500 倍的萘乙酸和吲哚丁酸溶液快速浸蘸处理，扦插 11 天后生根，成活率分别可达 85% 和 100%。

切取白菜、甘蓝等的叶片（带腋芽），用稀释 500～1000 倍的萘乙酸或吲哚丁酸水溶液快速浸蘸，在扦插温度 20～25℃、湿度 85%～95% 条件下，生根成活率为 85%～95%，可保持优良品种和抗病单株的品种纯度。

茄果类蔬菜可用侧枝（主枝亦可）约 2～3 节，在基部用稀释 500～1000 倍萘乙酸或吲哚丁酸水溶液快速浸蘸，可在 10～15 天后生根。

⑥ 在番茄上的应用

播前浸种：育苗前，用5～10毫克/千克萘乙酸药液浸种10～12小时，用清水冲洗干净，催芽播种后，出苗整齐，幼苗壮，并提高幼苗的抗寒性，防番茄疫病。

苗床使用：番茄出苗后，如果幼苗生长细弱、叶片发黄时，用5～7毫克/千克的萘乙酸药液全株喷洒一次，幼苗即可恢复正常生长。中后期，当苗床内的温度为26～28℃时，用5～7毫克/千克萘乙酸药液喷洒1次尤为必要，可防治番茄早疫病的发生。

定植前后使用：番茄定植前6～7天，用5毫克/千克的萘乙酸药液喷洒1次，不仅能促长、壮棵，而且可促进早现蕾。定植复活后每10～15天喷洒一次5毫克/千克的萘乙酸药液，共喷2次可防止早疫病、病毒病的发生。

盛果期使用：番茄幼果生长到鸡蛋大小时，用10毫克/千克的萘乙酸药液每7天喷洒一次，连喷2次，促进果实膨大，提高番茄品质，使果肉增厚，含糖量增加。

后期施用：无限生长型的番茄，在结果后期，用10毫克/千克的萘乙酸药液全株喷洒1次，可防止植株早衰，延长采收期，提高总产量。

整个生育期：除浸种外，喷洒萘乙酸溶液5～6次，每次1支（0.2元）共投资1～1.2元，可增加产量15%左右，每亩增收300～400元。

4. 营养液肥类

（1）植宝素

① 番茄　开花期和结果期用7000～9000倍的植宝素

溶液各喷 1 次，枝叶浓绿，植株健壮，每亩增产 1500～2000 千克，增产率可达 20％～34％。

② 芹菜 生长期每 12～15 天喷药 1 次。用 7000～9000 倍植宝素液，喷 2 次，每亩增产 680 千克，增产率 18％，喷 3 次，每亩增产 1400 千克，增产率 45％。如果用叶面宝 9000～1000 倍液喷芹菜，喷 2 次，每亩增产 350 千克，增产率 9％，喷 3 次，每亩增产 980 千克，增产率 33％。

③ 黄瓜 在开花前和结果期喷 7000～9000 倍的植宝素液，每亩增产 440 千克，增产率 38％；喷 6000 倍丰产素液，增产 215 千克，增产率 18％。

（2）喷施宝 喷施宝是一种以多种有机酸和氮、磷、钾、锌、硼、镁等元素研制成的多功能营养型植物生长调节剂，对多种作物都具有改良品种和增产的效果。

① 黄瓜 用 100～200 毫克/千克喷施宝液，在全生育期喷施 2～3 次，可促进雌花分化，增加瓜条数，提高坐果率，增加早期产量和总产量，增加对枯萎病的抗性。其增产机理主要是增加黄瓜的叶面积和叶绿素含量，有利于光合作用的进行，为植株养分的积累和黄瓜的丰产创造了必要的物质条件。

② 茄子 用 100～200 毫克/千克的喷施宝液，全生育期喷 4 次，对植株前期营养生长有明显的促进作用，但到结果初期促进作用不明显。能显著地增加茄子的早、中期产量。增产主要是增加结果数、减少落花落果。

（3）爱多收 爱多收是一种茶褐色溶液，易溶于水，能迅速渗入植物体内，促进细胞原生质流动，给植物细胞以活力，促使作物发根，提高种子发芽率，加速作物生长，促进花粉发芽、花粉管的伸长，以加速作物受精结果、增产。由于它含有作物必需的微量元素，可增加作物的抗病力和抗逆力。在各类蔬菜上的使用技术如下：

① 菜豆、豇豆　早春低温，育苗生长缓慢，4 片真叶期用 6000 倍爱多收液叶面喷施，加速幼苗生长，可提早 4～7 天抽蔓。初花期和盛花期用 6000 倍液叶面喷施，起保花保荚作用，采收盛期叶面喷施，促使早发心叶新梢，提前 5～7 天返花。

② 辣椒　初花期和盛花期用爱多收 9000 倍液叶面喷施，保果率为 85%，幼果生长迅速，果柄粗壮，不易掉落。

③ 大白菜　莲座期用 6000 倍爱多收液喷 1～2 次，早包芯，增产 30% 以上。注意结球不能使用，否则结球迟。

④ 番茄　用 6000 倍爱多收溶液喷花或涂果，坐果率提高 1.45 倍，果实横径增加，提早 7～10 天上市。

⑤ 西葫芦　用爱多收 6000 倍液浸种 8 小时后，恒温 30℃ 催芽至芽长 2～5 厘米。在雌花开放时，喷 300 毫克/千克防落素保瓜，能显著提高产量达 86%。

（4）绿色霸王　绿色霸王稀土多效微肥的主要成分含 17 种以上氨基酸稀土络合物，是集高效、杀虫、杀菌和促进农作物生长、增加产量、改进品质，对人畜无毒、无害、无环境污染、无残留等多种特色于一体的天然有机农药微肥。在黄花菜、辣椒、西瓜（瓜果类作物）上使用，每亩用 66.7 毫升加水 50 千克喷施，可促进开花，提高坐果率和提早成熟，增产 20%～30%。

（5）磷酸二氢钾　磷酸二氢钾是一种含磷、钾的化合物，具有刺激生长的作用；可被蔬菜直接吸收，能较快地补充蔬菜对钾的需要，促进光合作用，增强蔬菜抗旱、抗寒、抗病虫为害的能力。番茄、茄子、马铃薯、豆科蔬菜、瓜类等开花后期，一般每亩用磷酸二氢钾 1000 克加水 50 千克，充分溶解后在下午喷施，可明显增产。黄瓜生长中期，用 20% 磷酸二氢钾与糖和水按 1∶1∶100 比例混合喷雾，能有效防治黄瓜霜霉病。

（6）氨基酸液肥　氨基酸液肥是由氨基酸螯合物及植物生长所必需的营养元素（氮、磷、钾及多种微量元素）组成的新型植物营养剂。其在小白菜、生菜上使用浓度 500 倍，在莴笋上为 300 倍，整个生长期喷 3 次，均能增产 20% 以上，并具有增强植株抗病能力、改善品质等作用。

（7）丰收素　丰收素是一种新型植物生长调节剂，有直接被植物根、茎、叶吸收，提高光合作用，刺激植物生长，提高开花坐果率，促进早熟，改良品质和增强作物抗病虫害能力等功效。在各类蔬菜上的使用技术要点如下：

① 早熟番茄　第一花序现蕾后连续用 6000 倍丰收素溶液喷 3 次，每隔 8 天 1 次，可增产 24%，提早上市 15～20 天。

② 黄瓜　初花期开始用 6000 倍溶液喷施第 1 次，隔

10 天 1 次，连喷 3 次，增产 23％。

③辣椒　第一花现蕾开始连喷 3 次，隔 7 天 1 次，浓度 6000 倍，可增产 30％。

④西瓜　开花后喷第 1 次，坐果后再喷 1 次，浓度 5000 倍。可增产 36％，提早上市 5～10 天。

⑤豇豆　当蔓长到 50 厘米时喷第 1 次，开花时和结荚后各喷 1 次，浓度 6000 倍。

⑥大白菜　定苗后喷第 1 次，浓度 8000 倍，莲座期、包芯期各喷 1 次，浓度 6000 倍，可增产，并使净菜率提高。

⑦芹菜　生长期连喷 2 次，隔 8 天 1 次，浓度 6000 倍，增产增收可达 30％。

（8）海藻营养液肥　"明月牌"海藻肥以进口天然海藻为原料精制而成，产品生产技术来源于国家"九五"攻关项目和"十五"863 计划，由中科院海洋研究所与明月集团研制成功，获多项国家发明专利。产品凝聚纯天然海藻精华，富含海洋生物所特有的海藻多糖、碘、甘露醇、海褐素等海洋活性成分和多种天然植物生长调节物质（如细胞分裂素、赤霉素、甜菜碱、多酚、海藻酸等）及微量元素，具有营养、抗病、增产功效，是一种天然、绿色、高效的促植物生长素。

明月海藻液肥，是由世界最大的海藻酸生产基地生产的，是国家星火计划产品。液肥有各种蔬菜作物专用叶面肥。

（9）三效王　三效王是一种生物型营养液肥。

本品能显著提高植物叶绿素含量，增强光合作用，能快速激活植物基因表达，促进细胞分裂，生长点旺盛，叶片转绿快，叶片加厚加宽，着色好，茎秆粗壮，从而达到壮根、促长、提高坐果率、保花、保果、果实丰硕、籽粒饱满、防止倒伏、显著提高产量、促进早熟和改善品质的效果。

本品能诱导植物抗病虫基因表达，产生生理活性物质，激活植物的抗病防虫防卫等免疫机制和抗逆性，对植物的抗寒、抗旱、抗涝和抗盐碱有显著效果，能有效地解除农药、除草剂和化肥造成的药害和肥害，使植物迅速恢复正常生长。

本品中的生物活性因子对各种植物的抗病、防虫和提供营养有独特的效果。

新开发的营养液肥还有很多，市上品种繁多，生产者应注意了解市场叶面肥供应情况，选用新的叶面肥产品。

二、叶面施肥的基本技术

1. 肥料品种的选择

（1）根据肥料性质选择叶面肥的使用作物 肥料是调节作物营养和生长的重要物质，不同的肥料对作物生长有着不同的作用。因此，在选择肥料品种时，一定要了解肥料性质，不能盲目使用。这里特别指出，萝卜、甘蓝、花椰菜、黄花菜、芹菜、大白菜及瓜果类蔬菜，宜选择含硼、锌成分的叶面肥，如海藻液肥、硼酸钠等；果菜类宜选择控制徒长类叶面肥，叶菜类蔬菜宜选择促进生长类叶面肥。

（2）根据作物生长状况选择叶面肥种类　作物在生长过程中，由于土壤肥力、作物种类、施肥配比不同，生长状况可能出现差异。生产者为达到其生产目的，可通过施用叶面肥的途径来解决。叶面肥的种类，要根据其作物生长状况来确定：在作物生长初期或生长不良时，为促进其生长发育，应选择促进生长类叶面肥；由于氮肥施用偏多，出现徒长现象时应选择控制徒长类叶面肥；若出现某种缺素症时，应有针对性地选择含有某种营养元素的营养液肥。

以下介绍几种类型叶面肥的选用。

① 在作物生长初期，应选择调节型叶面肥，品种有光合 158、三十烷醇等。

② 若作物营养缺乏或生长期根系吸收能力衰退，应选用营养型叶面肥。如在营养期叶面喷施含硼的叶面肥 2～3 次，可防止落花落果。品种有明月海藻肥、硼酸钠、硼砂等。

③ 应用明月海藻叶面肥，能全面调节促进作物生长，保花保果，提高作物抗逆性和抗病性。

2. 施用时期

根据不同作物的生长情况，选择最关键时期喷施，以达到最佳施用效果。

（1）根据作物的生育时期选择适宜的叶面肥施用时期

一般情况下，蔬菜苗期到始花期或莲座包芯期是最佳叶面肥喷施时期。

① 瓜类、茄果类、豆类蔬菜在坐果期喷施可以减少落花落果，提高坐果率。

② 马铃薯、莲藕等块根块茎类蔬菜，在块茎成长期喷施，能加速块茎形成，提高产量。

③ 大白菜、甘蓝等蔬菜，在莲座包芯期施用效果最佳。

（2）根据作物种类选择最佳的叶面肥施用时期

① 以茎叶为产品的蔬菜作物，如芹菜、大蒜等，以在上市前 25～30 天为好。

② 瓜果类蔬菜作物，以果实膨大时期施叶面肥效果最佳。

（3）根据叶面肥料的种类选择适宜的施用时期

① 如含有各种生长调节剂的叶面肥，应在前期喷施。

② 含有硼、钼、锌等微量元素的肥料，则宜在作物进入生殖生长期喷施。

（4）根据农业生产实际需要和作物生长情况选择施用时期　在以下情况作物施用叶面肥效果好、收益大。

① 作物遇病虫害时，使用叶面肥有利于提高植株抗病性，使作物尽快恢复生长。

② 作物生长地块不好，不利于植株营养吸收，作物易出现或已出现某种缺素症状，叶面肥可有效防治作物缺素症。

③ 作物盛果期，施用叶面肥利于果实膨大、着色和

成熟。

④ 作物遇气害、热害或冻害以后，选择合适的时间使用叶面肥有利于缓解症状。

⑤ 遭受洪涝灾害时，作物根系长势不好或底肥不足后期明显脱肥，使用叶面肥可及时补充作物生长所需营养，可有效保障作物的产量。

3. 喷施时间

选择在无风的阴天或晴天的上午 9 时以前、露水干后及下午 4 时后进行叶面施肥，效果最好。一定要避免晴日正午、特别是高温烈日和风速过大的天气进行叶面施肥。

4. 喷施部位

喷施叶面肥时，要注意叶面的正反两面都要喷到，尤其要注意喷洒生长旺盛的上部叶片和叶的背面。

5. 喷施浓度与喷施次数

（1）喷施浓度　叶面肥施用浓度过高，往往会灼伤叶片而造成肥害；而浓度过低，既增加了工作量，又达不到补充作物营养的要求。一般情况下，按叶面肥包装袋说明使用浓度，不会造成肥害。

（2）喷施次数　叶面肥喷施次数要适当，不应过少且应有间隔，全生育期短的作物，一般可喷施 1～2 次，瓜果类蔬菜作物生育期长，一般喷 3～4 次。

6. 混用喷施

叶面施肥时，将两种或两种以上的叶面肥合理混用，可节省喷施时间和用工，其增产效果也会更加显著。但肥料混合后必须无不良反应或不降低肥效，否则达不到混用目的。另外，肥料混合时要注意溶液的浓度和酸碱度，一般情况下溶液 pH 值在 7 左右即中性条件，利于叶部吸收。

根据作物的需肥规律和害虫发生情况，将农药和肥料科学混配喷施，不但能有效杀灭或抑制害虫，还能起到追肥作用，促进作物生长发育，提高产量，而且还可减少用工、降低喷施成本，在一定程度上也有利于保护环境。

虽然叶面肥之间以及肥、药混喷能起到一喷多效的作用，但混用时要注意肥、肥和肥、药混施不能降低效果或产生肥害或药害。由于大多数农药是复杂的有机化合物，与肥料混合必然带来一系列化学、物理或生物反应或变化问题，所以并非是所有肥料和农药都能混合施用。因尿素为中性肥料，可以和多种农药混施，但碱、酸性不同的药、肥是不可混用的，如各种微肥不能与草木灰、石灰等碱性肥药混合；锌肥不能与过磷酸钙混喷等。因此，进行混喷前应先了解肥、药的性质，若性质相反，绝不可混用。

一般混用需遵循三个原则：

① 不能因混合而降低药效或肥效。

② 对作物无损害。

③ 与农药混施要适宜叶面喷施。如碱性肥料（如草

木灰）不能与敌百虫、乐果、甲胺磷、速灭威、托布津、多菌灵、菊酯类杀虫剂等农药混用，否则会降低药效；碱性农药（如石硫合剂、波尔多液等）不能与硫酸铵、硝酸铵等铵态氮肥混用，否则会使铵挥发损失，降低肥效；含砷的农药（如砷酸钙、砷酸铝等）不能与钾盐、钠盐类化肥混用，否则会产生可溶性砷而发生药害；化学肥料不能与微生物农药混用，化学肥料挥发性、腐蚀性很强，若与微生物农药（如杀螟杆菌、青虫菌等）混用，易杀死微生物，降低防治效果。

　　一般肥料与农药混用前，先将肥、药各取少量溶液放入同一容器中，若无浑浊、沉淀、冒气泡等现象产生，即表明可以混用，否则不能混用。而且配置混喷溶液时，一定要搅拌均匀，现配现用，通常是先将一种肥料配合成水溶液，再把其他肥料或农药按量直接加入配好的肥料溶液中，摇匀后再喷。

第二章　蔬菜病虫草害防治技术

第一节　蔬菜病害

蔬菜在生长发育过程中，由于环境条件不适宜、栽培措施不当，或因遭受病原生物的侵染，以致蔬菜的正常新陈代谢受到不断的干扰和破坏，超出了蔬菜本身最大的适应限度，致使蔬菜从内部生理机能、组织结构到外部形态上都发生了一系列的反常变化，部分器官遭受损害，甚至整株死亡，使蔬菜产量降低、品质变劣，生产者和经营者在经济上受到不同程度的损失，这种现象就称为蔬菜病害。

蔬菜病害通常造成蔬菜产量和质量低下，从而导致经济上的损失，违背人们的栽培目的。但是，应当注意，有些蔬菜是由于人为的、外界生物或非生物因素的作用而发生某些畸形，例如用遮光方法把绿色韭菜培育成鲜嫩韭黄；又如茭白的幼茎受到黑粉菌的侵染后变得硕大、肥嫩称茭白，这类"变态"蔬菜，更能满足人们的食用要求，其经济价值反而得到提高。因此通常不把它们看做是病害。

一、蔬菜病害的症状

症状包括病状和病征两个方面。病状是指病株本身的不正常表现，例如黄瓜霜霉病病叶初呈水渍状暗绿色角斑，后转呈黄褐色枯死角斑或斑块，终至叶片焦枯。病征是指病部上病原物本身所表现的特征，例如黄瓜霜霉病叶背面角斑上表现的霉状物。

1. 病征

蔬菜病害病部上表现病征也是多种多样的，常见类型有：

（1）霉状物　病部表现出不同质地、颜色的霉层，如霜霉、绵霉、黑霉、绿霉、青霉、灰霉、赤霉等。霉层稀疏或致密不等。

（2）粉状物　病部表现出不同质地、颜色的粉状物，如白粉、锈粉、黑粉等。

（3）小点或小颗粒状物　病部上表现出针头般大的小黑点或朱红色小点等。

（4）核状物　病部上表现出粒状或鼠粪状的黄白色、褐色或黑色的菌核。

（5）绵（丝）状物　病部上表现出缠绕状的白色或褐色绳索状物。

（6）膜状物　病部上表现出灰色或黑色薄膜状物。

（7）伞状物或块状物　病部上表现出质地和颜色不同的菌伞或菌块。

（8）脓状物　病部上溢出白色或黄色的胶黏状物，俗称菌脓。此种菌脓，潮湿时手摸质感黏性，干燥后形成胶膜或颗粒，带反光性。

病征因病原物不同而异，但并非所有的病原物引起的病害都一定表现病征，只有真菌、细菌、寄生性种子植物所引起的病害病部上才有病征表现，上述 1～7 类病征为真菌性病害常见的病征；第 8 类脓状物病征，为细菌性病害特有的病征。至于病毒（含类病毒、植原体等）和线虫所引起的病害，通常只是病状，病部表面上是看不到病征的。另外，病部上的病征通常要在病害发展到一定阶段（病发中后期）才出现。

2. 病状

蔬菜病害的病状，就是指蔬菜生病后，植株外部形态上所表现出来的反常状态（简称病态）。蔬菜病状多样，通常可把它归纳为以下五大类：

（1）变色 由于病组织细胞内的叶绿素形成受阻或被破坏，以及其他色素形成过多而使植株失去常绿色，统称变色。变色可细分为花叶（又称斑驳或嵌纹）、黄化、褪绿、着色（如变紫红等）、白化（又称失绿）等。

（2）斑点（或称局部坏死） 病株局部组织和细胞受到破坏而死亡，表现出形状和颜色不一的病斑，称为斑点或局部坏死。这些斑点，按形状可细分为圆斑、纺锤形斑、角斑、网斑、条斑、轮纹斑、云纹斑、虎斑等；按颜色则可细分为褐斑、黑斑、灰斑、赤斑、紫斑、白斑等。斑点有的病状分界明显，有的病状界限不明、边缘模糊不清。斑点周围有的出现黄晕，有的无黄晕。斑点可发生于根、茎、叶、叶柄、叶鞘、果或种子等各部位，造成叶枯、茎枯、枝枯、落叶、落果等。有的斑点后期会局部或全部脱落，形成"穿孔"。

（3）腐烂 植株病部组织受病原物的酶所分解，造成较大面积的崩解破坏或变软，称为腐烂。腐烂按质地可细分为湿腐、软腐、干腐等；按颜色可细分为褐腐、黑腐等；按气味可细分为苦腐、酸腐等；按部位可细分为根腐、茎腐、茎基腐、脚腐（或裙腐）等。有的病部坏死腐烂表现出病部下陷或突起的木栓化病变，分别称为溃疡与疮痂，一些木本植株茎部皮层腐烂并深入至木质部的，也习惯称为溃疡或茎溃疡；如茎腐以流出胶状物为特征的，则称为流胶；苗床幼苗基部腐烂并缢缩，造成折倒，称为猝倒；如腐烂缢缩最后直至枯死，称为立枯。

（4）萎蔫　菜株根、茎维管束组织受到破坏，大量菌体堵塞导管，或因病菌产生霉素，致疏导机能受阻，部分枝叶以致全株凋萎，称为萎蔫。如萎蔫植株叶片尚保持青绿，则称为青枯。

（5）畸形　菜株遭受病原物侵染或因其他因素的刺激，使全株或个别器官发育过旺或受抑制，表现种种特异的形状，统称畸形。畸形可细分为肿瘤、丛枝、发根、徒长、萎缩（或矮化）、皱叶、卷叶、厥叶、叶变、根肿等多种。

二、蔬菜病害的种类

按病原分类，可以分为传染性病害和非传染性病害。

1. 传染性病害

传染性病害是由外界生物侵染对作物所造成的伤害，按其外界生物的种类，又可分为真菌性病害、细菌性病害、病毒性病害、线虫病害和寄生性种子植物寄生病害等。

（1）真菌病害　真菌在自然界分布很广，在水中、陆地都有它们的存在。目前，已有记载的真菌估计在十万种以上。大多数真菌属于腐生型，只有一部分寄生在植物上引起病害，称为真菌病害。真菌病害在植物病害种类中约占80%以上，每一种作物都有几种至几十种真菌病害。如蔬菜中的霜霉病、枯萎病、疫病等，都属于真菌性病害。

（2）细菌病害　由细菌引起的病害，称为细菌病害。作物的细菌性病害数量较真菌病害少，但在栽培作物中，每一种作物都有一种或几种细菌病害，尤其是十字花科、茄科，危害性严重。如番茄的青枯病，严重时可造成毁灭性灾害。

（3）病毒性病害　病毒病是由病毒、类菌原体、类病毒等病原物侵染引起所致。目前已经知道的植物病毒病害已有600种以上，各种蔬菜作物几乎都会发生病毒病。

（4）线虫病　线虫是一种低等动物，又名蠕虫，主要侵染根系，引起线虫病害。目前在某些地方有扩展加重的趋势。

（5）地下病害　此类有传染性病害中的真菌病害、细菌病害、线虫病害和非传染性病害中的沤根等。

2. 非传染性病害

非传染性病害是由外界环境条件不适于蔬菜作物生长对其造成的伤害，按其外界环境条件又可分为沤根、低温冻害、高温灼伤、气害、营养缺素症或过多症以及肥害和药害等。

（1）营养缺素症或过多症 由于营养吸收比例失调，缺少某一种营养元素所引起的生长不良现象，称为缺素症。吸收某种营养元素过多而引起的生长不良现象，称过剩症。如氮肥过多引起徒长；缺硼时影响花芽分化，花而不实；硼过多时引起幼苗死亡，叶片变黄焦枯，植株矮化等。近年来，蔬菜作物的营养缺素症逐年显现，特别是缺钙、钾、镁和硼等四大营养素尤为突出，比如2010年冬季萝卜，在益阳地区有三大公司近300亩萝卜因缺硼，造成赤心症，不但产量低，而且品质差，最终失去了食用商品价值，其他地方的萝卜也都有不同程度的表现；辣椒、茄子等其他蔬菜作物缺钙和缺钾症状时有表现，特别是在干旱季节肥水供应受阻时，表现尤为突出。

（2）水分引起作物生长不良 土壤干旱引起植物的叶片变黄、变红，叶尖和叶缘焦枯，早期落叶、落花和落果，易引发缺素症。

土壤水分过多，称为涝害，主要是沤根，表现为叶片发黄、落花落果和烂根。

土壤水分供应发生剧烈变化时，可以造成更大的危害。先干后涝最容易引起根菜类、甘蓝、瓜类的食用部分开裂，后期干旱，番茄易发生脐腐病。

（3）温度引起的伤害

① 低温伤害 早春或晚秋在蔬菜作物生长期间，如遇低温所受到的伤害，表现为幼苗子叶褪绿、腐烂或蔬菜叶片呈水浸状坏死。豇豆幼苗停止生长新根，老根呈褐锈

色，形成沤根。

② 高温伤害　过高的气温会使蔬菜作物植株矮化和提早成熟（瓜果）引起落花落果，还常引起番茄、辣椒果实日灼病。

（4）中毒　空气、土壤和植物表面上，都常存在有对植物有害的物质，可以引起蔬菜作物的伤害，即中毒。

① 工矿区附近的有害气体　如二氧化硫、硫化氢、一氧化氮、氨气等，使植物中毒，主要表现为叶片褪色和早落，以致整株死亡。豆科类对二氧化硫最敏感，十字花科则具有一定的抵抗性。

② 大棚早春栽培蔬菜，如果塑料薄膜是用邻苯二甲酸二异丁酯为增塑剂制成的，在高温下能产生有毒气体　这些有毒气体能使黄瓜、小白菜中毒，如情况严重在2～3天内会导致植株坏死。益阳地区2010年4月就有这样一宗事例，黄瓜叶片中毒严重，而辣椒、茄子未受其害。

③ 施肥不当　如钾肥用量过大而又未深翻，追肥时浓度过大，容易引起肥料中毒，冬天或早春育苗，如氮肥施用不当，有机肥施后时间不足，播种后盖上薄膜保湿，易引起氨气中毒，导致种子发芽后死苗，在益阳地区造成全棚死苗或因氨气中毒引起死苗的现象，每年都有发生。

④ 药害　使用农药防治病虫害时，没有按操作规程施药，施用浓度过高或因农药标识说明不清，引起药害的现象也时有发生。

三、蔬菜病害的分类诊断

1. 各类病害的主要症状特点

（1）病毒病的主要症状特点　病毒病为传染性病害，其显著特点是肉眼看不到任何病原物，且具有下列一些特点：一是病毒的感染有时可以在短时间内使组织或植株死亡，但大多数病毒对植物的直接杀伤作用小，主要是影响植株生长发育。二是植物病毒病大部分是全株性的，其病状属于散发性，有时与非传染性病害，特别是营养缺乏症相似。病毒也有局部性的症状，如在叶片上形成局部枯斑。三是植物病毒病虽然是散发性病害，但地上部的病状，特别是花叶型病毒病害，在嫩叶上更为明显，根部病状往往不明显。四是植物病毒病除外部症状外，其内部症状是指寄主细胞内可以形成的各种内含体，这是病毒侵入后所特有的。

病毒病害的症状变化很大，虽然同一种病毒在同一寄主植物上可以发生多种不同类别的症状，但是基本上可以分为三种类型。

① 叶片变色　主要是由于叶绿素在早期被抑制所造成，可分为花叶和黄叶两大类。前一种症状如白菜花叶病；后一种症状如番茄黄顶病。

② 畸形　畸形包括卷叶、缩叶、皱叶、丛枝、瘤肿、丛生、矮化、缩顶以及其他各种类型的畸形。畸形可以单独发生或与其他症状综合发生。

③ 枯斑、环斑和组织坏死　许多病毒病在叶片侵染点形成枯斑，但也有病毒病发展为全株性后，也能产生枯斑。环斑发生的情况与枯斑相似。细胞和组织的坏死，也是病毒病害所常见的一种症状，叶片、茎秆和果实的组织都可以发生部分坏死，如番茄条纹病毒。病毒有时还能引起全株坏死。韧皮部的坏死是某些病毒病害的特征。

病毒病靠昆虫传播或接触摩擦传播，几乎所有的蔬菜都可感染病毒病害，蔬菜受侵染后，往往出现维管束系统坏死，主输导组织受害后，全株出现受害症状；支输导组织受害后，局部表现受害症状；微支输导组织受害，形成坏死斑点或斑块。病毒发病症状，没有脓溢、穿孔、破溃等现象，这是田间鉴别病毒的主要依据之一。如番茄病毒病，辣椒、西葫芦病毒病。

（2）细菌病害的主要症状特点　细菌病害为传染性病害，有以下较为明显的症状：

① 病变部位有腐烂、斑点、枯萎（维管束病变所致）、溃疡现象，但无明显附着物。

② 发病后期发病部位往往有菌脓溢出，可用两块同样大的平玻璃滴上一滴净水，推平，然后用大头针挑取病斑处一点放在水中，静置数秒，将两块玻璃合在一起压紧，对光观察，放样处见放射性水弦，这是其他病害所没有的现象。如黄瓜细菌性角斑病、番茄青枯病等。

（3）真菌病害的主要症状特点　此类病害为传染性病害，其显著特点是有病斑且病斑较大，尤其在发病中后期的病斑上病症（包括轮纹、黑色、霉层、粉状物、黑点等）十分明显，如黄瓜霜霉病、灰霉病，番茄早、晚疫病，番茄灰霉病，辣椒炭疽病等。

（4）线虫病的主要症状特点　此病为传染性病害，具有以下两个主要特点。

① 为根部病害，可造成地上植株营养不良，生长衰弱，植株矮小，生育缓慢，叶片色泽较淡及叶片萎垂等症状，类似缺乏肥水的表现。

② 在被其直接为害部位往往发生畸形，如根结线虫能刺激寄生地下根部形成瘤状物，如黄瓜、番茄等蔬菜的根结线虫病。严重时，其根部形成的瘤状连在一起，形成一个直径可达30～40厘米的大瘤。笔者在益阳地区就发现多地的苦瓜、丝瓜受其侵染后，其根部形成的肿瘤就有如此之大。

（5）非传染性病害的主要症状特点　此类病害是由非生物因素引起的，为非传染性病害，其症状只有病状部分，没有病征部分。常见的病状有变色、坏死、凋萎和畸形4类。

2. 蔬菜病害的田间诊断

进行诊断时，应从以下几方面进行考虑和分析：

（1）症状观察

① 观看其田间发病概况　进入田间，首先观其全貌，看其发病株率与发病症状。

② 观看其患病部位是否有病原物　其次是进行田间

病株观察，用放大镜仔细检查病部表面有无病原物所形成的特性结构物，必要时可将病株被害部分先进行表面消毒后，置放于一定的温湿度环境下保持 24～48 小时，检查病部有无病征发生。要注意和识别在病部产生的腐生物，如番茄脐腐病（生理病害），后期病果上常密生粉红色或墨绿色的霉状物，这些霉是腐生物。许多非传染性病害极易与病毒病混淆，在这种情况下，可按病毒病害诊断方法进行诊断。

（2）生产环境及农事操作调查

① 生产环境调查 观察了解其生产基地的水源、水质、空气是否有有害气体源、排水沟渠是否畅通、畦面宽窄是否影响排水等不利蔬菜生长的环境因素存在。

② 农事操作调查 调查肥料农药的品种、用量、时间、方法；调查农事操作质量，包括保温设施的揭与盖、移栽质量、地膜覆盖质量等。

（3）分析 根据上述症状观察情况与生产环境及农事操作调查的情况进行分析。

非传染性病害是由不适宜环境引起的，因此应注意病害发生与地势、地形、土壤、肥料等的关系；植物生长期间气候条件与病害的关系；技术操作不当如喷洒过高浓度的杀虫剂、杀菌剂、化学肥料等与病害的关系；以及城市工厂三废（废烟、废气、废水）引起植物中毒等，都应进行分析研究，才能在复杂的环境因素中找出主要的致病因素。

（4）排除病因 根据症状观察和环境调查与分析的情

况，并对照各类病害症状的主要特性，进行逐一排除。

（5）诊断　在上述四项工作的基础上，至少要能确定病害的大体类别。按以下四个步骤进行诊断。

第一步，确定病害的根源是地上还是地下。

第二步，要能分辨出是非传染性病害或是传染性病害。

第三步，要能分辨出大体类别，如是非传染性病害中的沤根、干旱、肥害、气害、药害、缺素症、生理障碍或根结线虫病等；如是传染性病害中的真菌性病害、细菌性病害、病毒性病害等大类别。

第四步，如有识别能力，确诊为具体病害名称。

3. 室内仪器确诊

有条件的生产者，可利用农作物病害快速诊断仪进行病害确诊，这是目前国内较为先进且易操作的诊断方法，它能比较准确地诊断出真菌或细菌或病毒或营养缺素症的大类病害。其具体诊断方法按仪器使用说明进行。快速诊断仪适合于专业合作社、企业以及乡镇农技推广站。

至于切片、显微镜及病原物的培养，对于生产者来说，一般较难做到，这里不作介绍。

四、蔬菜传染性病害的发生发展基本规律

作为规模化蔬菜生产的业主，了解必要的蔬菜传染性病害的发生发展基本规律，对于理解病害以防为主原则是有帮助的。

1. 蔬菜传染性病害的侵染过程

病原物从侵入蔬菜植株到引起病害的发生，要经过一定的过程。它包括接触、侵入、潜育和发病四个阶段。

（1）接触期　病原物的繁殖单位，如真菌的孢子、细菌的单个细胞、病毒的微粒、线虫的幼虫等，都必须先与寄主蔬菜的感病部位接触，才有可能从体外进入体内。如果根本不与寄主接触，病害也无从发生。因此，避免或减少病原物与寄主植物的接触，是防治病害的一种重要手段。病原物与寄主接触后，并不是都能立即侵入寄主体内，必须经过一定时间的活动，在这一段时间内，环境条件起着重要的作用。

（2）侵入期　是指病原物的接种体接触到寄主植物的感病部位后，经过侵入前的寄主体外活动到侵入寄主内建立寄生关系为止的一段时间。植物的病原物除少数纯粹是体外寄生如真菌的煤污菌外，绝大多数都是体内寄生物，所以病原物与寄主接触后，在适当的环境下必然会侵入到植物体内。

① 侵入的途径　病原物在寄主体外可以直接穿过植物表皮的角质层，或者通过植物的自然孔口（如气孔、水孔、皮孔、花柱、蜜腺等）及伤口（如虫伤、机械伤、斑伤、冻伤、自然裂伤等）途径侵入。各病原物都具有一定的侵入途径。病毒只能从微细的伤口侵入；细菌除从伤口侵入外，也可以由自然孔口侵入；真菌除从伤口、自然孔口侵入外，部分真菌、线虫和寄生性种子植物都可以直接从表皮侵入。

② 侵入的过程

a. 真菌　真菌侵入途径包括直接穿过寄主表皮层、自然孔口和伤口三种方式。但是，各种真菌的侵入方式不完全一致，从植物表面直接接触侵入的真菌和从自然孔口侵入的真菌，一般寄生性都是较高的，如霜霉菌、白粉菌等；从伤口侵入的真菌，很多都属于寄生性较弱的真菌。真菌大多数是以孢子萌发后形成的芽管或者以菌丝侵入的。

b. 细菌　植物病原细菌缺乏直接穿透寄主表皮角质层侵入体内的能力。细菌侵入途径包括自然孔口和伤口两种方式。

c. 病毒　病毒缺乏直接从寄主表皮角质层和自然孔口侵入的能力，只能从伤口侵入。由于病毒是专性寄生物，在植物细胞受伤不丧失其活力的情况下，病毒才能入侵。由昆虫传播入侵的病毒也是从伤口侵入的一种类型。

d. 其他　植物寄生线虫有外寄生和内寄生两种寄生类型，但也有开始是外寄生，后期也营内寄生生活的。外寄生的植物线虫，只以吻针吸取植物汁液，线虫不进入植物体内。内寄生的植物线虫，多从植物的伤口或裂口侵入，也有少数从自然孔口侵入或从表皮直接侵入。寄生性种子植物的菟丝子和列当是直接侵入的。

病原物侵入后，还必须与寄主建立寄生关系，否则仍然不发病。病原物的侵入，一般需要保证一定的数量，数量多，才易引起发病。

（3）潜育期　潜育期是指从病原物侵入寄主后建立寄

生关系开始，到出现明显的症状为止的这一段时间。潜育期是病原物在寄主体内的蔓延扩展阶段。

① 寄生关系的建立　病原物入侵寄主后，首先是从寄主体内获得营养物质。病原物从寄主上获得营养的方式大致可分为两种类型。第一种方式是，病原物先分泌毒素或酶，把寄主的细胞和组织杀死后，才从死亡的细胞组织中吸取养分，这是一种以腐生的方式获得营养、建立寄生的关系，如丝核菌在马铃薯根组织细胞层扩展的情况。第二种获得营养的方式是，病原物只能从寄主的活细胞中吸取养分，被侵袭的细胞在病原物通过之后可能死亡时，在死细胞组织的病原物也随之而死亡。病原物一般都具有在寄主的定居部位的选择性。

② 环境和寄主对潜育期长短的影响　各种病害的潜育期是不同的。潜育期的长短决定于病原物的生物学特性、寄主植物的种类和生长状况以及环境因素等方面。

a. 温度　病原物侵入寄主后，对其所需的水分和营养物质，随着寄生关系的建立，基本上已经得到满足，但外界温度的变化，直接影响病原物在寄主内生长发育。因此，温度不同，潜育期的长短也不同。

b. 植物的种类和生长状况　同一病原物在不同的寄主植物上或同一植物的不同发育阶段，其潜育期的长短也有差别。

（4）发病期　寄主植物被病原物侵染，经过一定的潜育期后，在其外表出现症状而进入发病期。实际上，在潜育期间，植物已开始发病，只是当潜育期结束时症状才表现得更为明显。在发病过程中，由于病原物的种类不同，症状表现差异很大。

传染性病害的侵染过程是病原物与寄主接触并侵入，以后又在寄主体内不断克服寄主的抵抗并在寄主体内生长、发育和扩展，最后引起寄主发病的一个连续性的过程。

上述四个时期是人为划分的（也有人把接触和侵入合并为侵入期），每一个时期也没有明显的界限，而且不同的病害，其侵染过程也不完全相同。

2. 病害的侵染循环

侵染循环是指病害从前一个生长季节开始发病，到下一个生长季节再度发病的过程。传染性病害的侵染循环主要包括三个方面：病原物的越冬与越夏、初次侵染和再次侵染以及病原物的传播。

（1）病原物的越冬与越夏　是指病原物怎样度过寄主的休眠期而成为下一个生长季节的病原物的来源问题。

病原物有各种各样的越冬与越夏方式，其主要场所有田间病株、种子、土壤、病株残体、架材和粪肥等。

（2）初次侵染和再次侵染　越冬与越夏的病原物，在寄主植物生长期间第一次侵染的，称为初次侵染；病原物在初次侵染的病株上，产生繁殖器官又传播到健康植物上为害，如此在寄主植物生长期间反复进行的，称为再次侵染。

（3）病原物的传播　绝大多数病原物没有主动传播能

力，主要依靠自然因素和人为因素进行传播。自然因素中主要有风力、雨水、昆虫和其他动物进行传播；在人为因素中，如带病的种苗调运，田间农事操作等造成的传播最为重要。

3. 病害的流行

蔬菜病害在一个地区内或一个时期内大量发生的，称为病害流行。

（1）病害流行的原因　传染性病害的发生是由寄主植物、病原物和环境条件三个因素的综合而引起的。病害的流行条件与病害的发生条件基本上是一致的：一是有大量的感病寄主植物；二是有大量的致病力强的病原物；三是外界环境条件有利于病害的发生与发展。

在环境条件中，气象条件是主要的，包括温度、湿度、光照等。在寄主植物和病原物都具备的情况下，高温、高湿、弱光时，将有利于病害的发生与发展。

（2）病害流行的季节性　由于传染性病害流行与气象条件关系密切，因此各种病害在不同季节的流行情况有很大差异。季节之间的差异称为病害流行的季节性。在益阳地区，阴雨高温期为病害流行季节。

（3）病害流行的逐年变化　由于气象条件是传染性病害流行的主要因素，每年在不同季节的温度、降雨差异较大，因此，传染性病害流行呈现逐年变化的规律。如益阳地区辣椒、冬瓜疫病，在20世纪90年代，大流行，为害大；2008年以来，发病很少。

五、蔬菜防病杀菌剂及基本使用方法

杀菌剂种类很多，下面按传染性病害种类分别介绍和推广以下几种，其用量按包装袋标识说明要求进行。

1. 防治真菌病害的药剂及基本使用方法

（1）自配药剂　目前主要有波尔多液，是由硫酸铜与石灰液配制的一种胶状悬液，黏着力强，喷到植物表面形成一层薄膜，不易为雨水所冲刷，残效期长，一般可达15天左右，是一种很好的保护性杀菌剂。白菜对硫酸铜敏感，配制时应加大生石灰和水的用量，瓜类对石灰敏感，配制时应适当减少石灰用量，尤其是苗期，不宜使用波尔多液，易产生药害。防治的基本方法是喷雾。

（2）化学药剂

① 防治真菌性茎叶病害的主要化学药剂　常用的药剂有代森铵、代森锌、托布津、甲基托布津、敌克松、百菌清、烯酰吗啉、敌菌灵、多菌灵、甲霜灵、杀毒矾、甲霜铜、代森锰锌、灭菌灵、三唑酮、腐霉利、霜霉威、氢氧化铜、速克灵、克露及其复配剂，商品名称还有很多，不详述。防治的基本方法是药剂按包装袋说明要求兑水喷雾。

② 防治真菌性地下病害的化学药剂　有多菌灵、甲基托布津、敌克松、恶霉灵等，且以选用药剂按包装袋说明要求兑水灌根更佳。

（3）生物药剂　主要有枯草芽孢杆菌和木霉菌等。其中枯草芽孢杆菌对地下地上、病害均有较好的防效。对于地上茎、叶、花、果部病害防治，采用药剂兑水喷雾；对于地下根部病害防治，以药剂按包装袋说明要求兑水灌根，效果更佳。

2. 防治细菌病害的药剂及基本使用方法

这类药剂有农用链霉素、新植霉素、可杀得、春雷霉素、叶枯唑、中生菌素等。防治的基本方法是药剂按包装袋说明要求兑水喷雾，但对于根部病害防治，应是以灌根效果为佳。

3. 防治病毒病害的药剂及基本使用方法

这类药剂有盐酸吗啉胍、高能碘（菌清、吗啉胍）、吗啉胍、乙铜、吗啉胍、三氮唑核苷和宁南霉素等。防治的基本方法是药剂按包装袋说明要求兑水喷雾。

4. 防治线虫病害的药剂及基本使用方法

这类病害的防治药剂有阿维菌素、乐斯本、甲氰菊酯和高效氯氰菊酯等，防治的基本方法是药剂按包装袋说明要求兑水灌根。

5. 防治营养缺素症的药剂及基本使用方法

这类药剂主要是营养液肥，其中以含硼、硒、锌等微量元素的液肥较好，目前有海藻肥、爱多收等，防治的基本方法是营养液肥按包装袋说明要求兑水喷雾。

第二节 蔬菜虫害

一、蔬菜害虫的分类

蔬菜由于涉及的作物种类多，因而蔬菜作物的害虫也多。各种害虫危害蔬菜作物种类、时间、部位及活动情况不同，不但同一害虫可危害多种蔬菜作物，而且同一作物在同一时期有多种害虫取食为害。但蔬菜害虫也有相当一部分只危害某些蔬菜作物，或者说对某些蔬菜作物更感兴趣。因此，蔬菜昆虫学把各种害虫按主要危害蔬菜作物的种类进行分类。但在利用药剂防治上，笔者认为以生物学分类较为恰当，因为每类蔬菜害虫可以使用同一类型的药剂进行防治。因此，在本书中以生物学分类分别介绍各类害虫的主要特征与为害作物的基本特性。根据在防治药剂上的共性与特性，在害虫的生物学分类的基础上，又单独分列了地下害虫。

1. 同翅目害虫

这类害虫主要有各种蚜虫、粉虱、飞虱和叶蝉等。它们以刺吸式口器吸取作物体内汁液进行为害。

2. 鞘翅目害虫

这类害虫主要有瓢虫、守瓜、黄条跳甲、金龟子等，它们大多数以成虫咀嚼式口器取食蔬菜作物的叶片，有的以其幼虫为害根系。

3. 鳞翅目害虫

这类害虫是为害蔬菜作物最大的一个目，主要有棉铃虫、烟青虫、茄黄斑螟、菜青虫、甜菜夜蛾、斜纹夜蛾、小菜蛾、甘蓝夜蛾、豆荚螟、小地老虎等。它们的幼虫以咀嚼式口器取食蔬菜作物的叶、茎、花、果和根。

4. 膜翅目害虫

这类害虫主要有蚂蚁和白蚁，白蚁以成虫在地下为害根部为主，蚂蚁不但啃食作物茎秆，还偷运播入土壤中的蔬菜种籽。

5. 蜱螨目害虫

这类害虫有红蜘蛛和螨类等。

6. 缨翅目害虫

主要有蓟马。它的成虫以锉吸式口器为害作物的心叶、嫩芽，使葱或蒜形成许多长形黄白斑纹，严重时，叶片扭曲枯黄。

7. 柄眼目害虫

这类害虫主要是蜗牛和蛞蝓，它们取食蔬菜茎叶，以叶为主。

8. 地下害虫

主要有地老虎、蛴螬、蝼蛄、地蛆、象甲、白蚁、金龟子幼虫等。

二、蔬菜害虫的特性

1. 各虫期生命活动特点

昆虫一般都经过四个虫期（全变态型），即卵期、幼虫期、蛹期和成虫期。

（1）卵期　昆虫卵的形态变化大，不取食，也就对作物没有危害。

（2）幼虫期　从卵孵化出来到化蛹前，这一时期为幼虫期。每蜕皮一次，称为一龄，共5～6龄。同一害虫的颜色随年龄不同而异，这一时期对大多数害虫而言是危害蔬菜的主要时期。初龄幼虫取食量小，对农药的抗性小，是药剂防治的最佳时期。

（3）蛹期　幼虫成熟以后，停止取食，寻找适当场所，吐丝作茧或作土室。自身缩短停止活动，准备化蛹。从化蛹到变为成虫所经过的时间，称为蛹期。这一时期，对蔬菜作物不为害。

（4）成虫期　全变态蛹蜕皮后变为成虫，叫做羽化。成虫是昆虫生命的最后阶段，其主要任务是交配产卵，以繁衍其种族。它们产卵后死去。雌虫产卵数量多则2500余数（甘蓝夜蛾），少则一粒（苹果棉蚜）。大多数昆虫成虫期不取食为害，少数昆虫取食为害。但不管其是否为害，消灭其成虫是有效的防治方法。

2. 主要特性

（1）世代重叠性　是指在同一时间内，同时有同一品种昆虫的四个虫期体同时存在。这一现象是当前蔬菜害虫发生的较为普遍的规律，只是量的多少不同，由于害虫的世代重叠性，增加了防治工作的难度和次数。

（2）昆虫的趋性　按刺激来源，趋性可分为趋光性、避光性和趋化性等。

蔬菜害虫防治中，常利用害虫的趋光性和避光性，如灯光诱杀成虫是以趋光性为依据的，潜所诱杀是以避光性为依据的，食饵诱杀是以趋化性为依据的，忌避剂也是以负趋化性为依据的。

3. 防治蔬菜害虫的主要药剂与基本使用方法

（1）杀灭鳞翅目幼虫的药剂　这类药剂有乐斯本、灭杀毙、敌敌畏、抑太保、农梦特、阿维菌素、醚菊酯、高效灭百可、氯氰菊酯、溴氰菊酯、甲氰菊酯、氰戊菊酯、百树得、功夫、来福灵、克螨特、卡死克、甲维盐等及其复配剂。这里特别推荐使用 B. t. 乳油、虫瘟一号、白僵菌等一系列生物农药。使用的基本方法是药剂按包装袋说明要求兑水喷雾。

（2）杀灭同翅目（刺吸式口器）害虫的药剂　这类药剂有吡虫啉、抗蚜威、啶虫脒、克蚜星、灭蚜松等及其复配剂。使用的基本方法是药剂按包装袋说明要求兑水喷雾。

（3）杀灭鞘翅目（甲壳虫）成虫的药剂　这类药剂有辛硫磷、菊酯类农药及其复配剂，商品药名有瓢甲敌、一网打、破甲、除击等。使用的基本方法是药剂按包装袋说明要求兑水喷雾。

（4）杀灭柄眼目害虫（蜗牛类）的药剂　这类药剂有密达、除蜗灵（主要成分为聚醛、甲萘威）等。使用的基本方法是将颗粒状药剂每 2 平方米放 5～10 粒，在傍晚时进行。

（5）杀灭地下害虫的药剂　这类药剂有阿维菌素、乐斯本、甲氰菊酯（灭扫利）和氯氰菊酯等药剂及其复配剂。使用的基本方法是药剂按包装袋说明要求兑水浇根；白僵菌可与复合肥混配后撒施于土面；对颗粒型或粉粒型药剂，可撒施于土面。

（6）杀灭蜱螨目的药剂　这类药剂有阿维菌素、甲维盐、克螨特、噻螨酮、扫螨净（哒螨灵）、丁醚脲（杀螨隆）等及其复配剂。使用的基本方法是将药剂按包装袋说明要求兑水喷雾。

（7）杀灭膜翅目害虫的药剂　参照地下害虫的防治药剂与使用方法。

第三节　蔬菜病虫害的防治技术

蔬菜病虫害的防治技术，是蔬菜栽培技术体系中的一项重要技术，既有蔬菜栽培技术体系中每项技术对该技术相互影响的一面，又有其独立发挥作用的一面。因此，在其防治技术上，必须从多方面采取措施。

一、农业防治

蔬菜生产技术是一项综合技术体系，包括从种子到收获的整个农事操作环节。农业防治实际上是在蔬菜生产过程中，采取一些措施，尽量保护好植株免受损伤，减少病原物的侵染机会；培育健壮的植株体，抵抗病原物的侵入；创造有利于蔬菜生长，而不利于病虫生长的环境条件，减少病虫基数和将病原物消灭在蔬菜生产的环境外，从而达到消灭病虫害的目的。蔬菜病虫害（尤其是病害）的农业防治，实际上是蔬菜病虫防治的最基本且又是最有效的方法。具体有如下的农事操作需严格执行到位。

1. 搞好基地建设

（1）大田建设基本要求 按要求搞好基地的排灌水建设，一定要按基地建设要求开好"三沟"，即围沟、主沟和畦沟，并按畦面宽度要求整地。开沟要求底部平坦，流水畅通，雨停沟内不积水。

（2）设施大棚栽培 应安装好灌溉系统，叶菜类生产使用喷灌；果菜类生产使用滴灌。

2. 清洁田园与材料消毒

（1）清洁田园 每茬蔬菜出园后，需将薄膜农药袋捡出园外，集中销毁；园内及周围杂草及蔬菜残体集中烧毁或堆沤，既有利于减少病虫害的发生基数，又是很好的有机肥料。

（2）做好搭架材料的杀菌消毒工作　作物收获后，将搭架材料喷施一次浓度较高的杀菌剂或将搭架材料收回后，撒施一遍石灰再扎捆成堆保管。

（3）大棚杀菌消毒　设施栽培，在空棚时，需使用烟熏剂熏蒸杀菌；或在夏季高温时，密闭大棚进行闷棚高温杀菌。

（4）种子消毒　在播种前，选择晴天将种子置于竹、木制品上晒一天。如苋菜等小粒种子可直接播种；如茄果类等大粒种子还应用杀菌剂药液浸种和药剂拌种。

3. 合理施肥

合理施肥是防治缺素症的关键技术，据益阳地区土壤普查结果，绝大多数土壤磷、钾元素严重偏低，导致植株生长不良，田间表现病状，产量严重下降。

（1）施用有机肥　这是预防营养缺素症的基础，也是最有效的方法。因为有机肥或多或少都含有蔬菜作物所需的营养元素，有机肥又称完全肥料。

（2）推广测土配方施肥技术　测土配方施肥，至少可以保证三大主要养分的供应。

（3）适量施用石灰　南方绝大部分土壤为酸性，施用石灰后，具有改良土壤和防病治虫的作用，同时也能提供蔬菜作物生长所需的钙肥。

4. 覆盖地膜

这是防治地下病虫害的有效手段之一。地膜覆盖后，既保护根系不受地下害虫侵食，又防止害虫钻入地下取食损伤根系。

5. 科学操作

（1）农事操作时，尽可能避免对植株造成机械损伤，这有利于提高蔬菜作物的抗病、防病能力。

（2）雨天或植株叶片有露水时，不要采收蔬菜，以免人为传播病害。尤其是 5～6 月梅雨季节，特别是辣椒和黄瓜，容易人为传播疫病和霜霉病。

6. 合理密植和植株调整

（1）合理密植　在蔬菜栽培上，保证一定植株数量，是一项重要的增产措施；但栽培过密，植株数量太多，影响通风透光，引发病虫为害加重。这里强调密植必须合理。

（2）植株调整　及时搭架、捡蔓、摘除枯老病叶、整枝，加大田间通风、透光、降湿，既可以起到预防病虫的作用，又有利于药剂防治药效的提高。

7. 及时排灌

（1）及时排水　雨天应及时排水，以防内涝，造成沤根。

（2）及时供水　3～5 个晴日无雨时，应及时供水，确保养分正常供应。在干旱季节供水不及时或因水分供应不足时，常出现营养缺素症。益阳地区表现较为普遍和严重的是萝卜、大白菜的缺硼，茄子的缺钙，以及西瓜的"空洞果"。

8. 选用抗病虫害品种

每种蔬菜，不同品种间的抗病、抗虫、抗逆能力有强弱，田间表现病虫为害程度有轻重。因此，在选用品种时，除考虑高产、优质、适销等因素外，还应考虑其抗病能力和对主要病虫害的抗性。

二、物理防治

对于蔬菜规模化生产而言，物理防治值得推广。以下介绍几种有效的物理防治病虫害的方法。

1. 色板诱杀

色板诱杀是根据昆虫的趋光性和色板的黏性，引诱昆虫扑来，将其黏住消灭。

2. 频振式杀虫灯

频振式杀虫灯是根据昆虫的趋光性，将昆虫的成虫诱至，将其杀死。

3. 硬质材料包扎

用硬质材料包扎幼苗茎秆，主要用于瓜类、茄果类蔬菜幼苗移栽，防治地老虎。

4. 紫外线杀菌灯

利用紫外线杀菌原理，将紫外线杀菌灯装于大棚等设施内，杀菌防病。

5. 热水土壤消毒机

用高温热水杀灭土壤中的菌、虫，这是一项新技术，值得推广。

6. 推广营养钵（盘）育苗

推广基质营养钵（盘）育苗，减少了移栽取苗时的根系损伤，从而起到预防根部病害的作用。实践表明，基质营养钵（盘）育苗移栽后，根部病害的发病率要小得多。

三、药剂防治

药剂防治包括化学药剂防治和生物药剂防治。

农业防治虽说能在很大程度上起到预防和减少病虫害的发生的作用，但还不能彻底解决问题。因此，药剂防治也是至关重要的措施之一。可以这样讲，没有农业防治的措施，药剂防治不可能收到很好的效果；但是如果不采取药剂防治措施，要控制住病虫害的发生与为害，那也是不可能的。应该说，在蔬菜病虫害的防治措施上，农业防治是基础，药剂防治是补充，是不得已而为之的措施。

农药的合理使用就是要从综合防治的角度考虑，运用生态学的观点来使用农药。要求做到省药、高效，减少污染环境，避免残毒，保护人、畜及鱼类安全等，不杀伤天敌，对作物无药害，能预防或延缓病虫抗药性等，切实贯彻经济、安全、有效的"保益灭害"原则。

现在提倡和推广绿色和无公害农产品的生产，相当一部分人，一提到化学农药，就有一种谈药色变的感觉，其实大可不必。因为现在推广的一些农药，大多数为高效低毒农药，据国家相关部门检测，其毒性要低于葡萄糖和食盐，尤其是杀菌剂，这是我们必须要有所认识和理解的，不能因为过去曾经发生过几起因食用喷施过农药的蔬菜出现中毒的事件，就拒绝化学农药在蔬菜生产上的使用，关键是生产者和营销者没有按农药使用规则进行操作而致。那么，怎样利用化学农药进行病、虫害防治，既能有效地防治病、虫害的发生与为害，又能确保所生产的蔬菜无农药残留公害。药剂防治仅是蔬菜病、虫害防治技术体系中的一个环节。

1. 防治原则

进行药剂防治病、虫害，应坚持以下原则。

（1）坚持选用国家允许在蔬菜生产上使用的高效、低毒、低残留农药的原则　现在，很多低毒农药的药效要比过去那些如甲胺磷等高毒农药要好得多，尤其是一些生物农药，效果更好。生产者在生产过程中，应自觉遵守职业道德，自觉杜绝国家关于在蔬菜生产上禁止使用的农药在蔬菜生产上使用。

（2）坚持对症下药的原则　要对症下药，关键是对病、虫害做出比较正确的诊断。诊断正确与否，对于对症下药至关重要。对于生产者来说，要诊断出具体病名，那是比较困难的。在生产实际中，要至少对病虫害作出分类诊断，才能正确地选择农药。

对症下药，虽说同一病害或害虫，可以有多种药剂进行防治；而一种药剂又对多种病害或虫害具有防治效果。但是，不同类型的病害或虫害，又具有各自的特点，在选择药剂品种上是有区别的。可以说既有共性，又有个性。如病毒病，若用杀真菌类农药，基本上没有防治效果。

①针对防治对象，选择最合适的农药品种，防止误用农药。

②了解农药性质，选择不同的农药和剂型。如专用性杀螨剂噻螨酮只对植物性螨类有效，对其他昆虫无效；杀菌剂中硫制剂对白粉病有效，对霜霉病无效；铜制剂对霜霉病有效，而对白粉病无效。胃毒剂对咀嚼式口器害虫有特效，内吸性杀虫剂对刺吸式口器害虫有特效，触杀剂对各种害虫都有特效，但必须喷到虫体，熏蒸剂、烟剂能在大棚栽培封闭后施用。

（3）坚持病害早防、虫害早治的原则　因为病害必须经过一个接触期、侵入期、潜育期到发病期的发生过程。早防是把病原物控制在侵入期以前，采取预防的措施，防效显著。特别是地下病虫害，尤其是病害，一旦发生，治疗效果甚微，如根腐、软腐等病害。

虫害应该早治，初龄幼虫比较集中，用药量少，损失小。

（4）坚持适时施药的原则　要根据不同病虫发生为害的特点和药剂性能，抓住有利时机，适时进行防治。一般的说，害虫在卵期和蛹期抵抗力强，由此可见，在幼龄幼虫期施药是最有利的时机。如用触杀剂防治钻蛀性害虫，一般在害虫卵孵高峰期，大量幼虫尚未蛀入作物前施药；使用保护性杀菌剂应在病菌尚未侵入作物组织前施药，治疗性杀菌剂应在发病初期用药。总之施药前根据病虫发生规律，及时调查和查阅当地病虫情报，看准苗情、病（虫）情和天情，抓住关键时机，把农药用在"刀口上"。如甘蓝夜蛾幼虫、斜纹夜蛾幼虫（夜盗虫）、甜菜夜蛾幼虫等，一般应在 3 龄前防治，此时虫体小、为害轻、抗药力弱，且集中为害，用较少的药剂就可发挥较高的防治效果。而害虫长大以后，不仅为害加重，抗药性增强，用药量必然增加。定虫隆、氟虫脲施药时间应较有机磷、拟除虫菊酯类农药提前 3 天左右。

（5）坚持适法施药的原则　为了避免对环境污染，保护好天敌和作物安全，要讲究施药方法。喷粉、喷雾、泼浇、撒毒土或颗粒剂、浸种、拌种、闷种等法各有优缺点，除根据病虫发生特点采用外，一般以采用低容量和超低容量喷雾或撒施颗粒剂为好。如喷粉法功效比喷雾法高，不易受水源限制，但是必须当风力小于 1 米/秒时才可应用；同时喷粉不耐水冲洗，一般喷粉后 24 小时内降雨则须补喷。又如塑料大棚内一般湿度都过大，可优先选用烟雾剂（详见农药使用方法）。

（6）坚持适量施药的原则 要做到适量施药，必须处理好用药浓度（准确配药）、用药量（单位面积上）和施药次数等三个问题。在单位面积上施药浓度过高或药量过大，不仅造成经济上的浪费，而且还可伤害作物和天敌；反之，在单位面积上施药浓度太低或用药量不足，又不能达到防治的目的，同样造成人力、物力的浪费，甚至会引起病虫抗药性的产生。用药次数应根据病虫发生期的长短、发生数量的多少及药剂持效期的长短而定。一般来说，病虫发生期长、发生量大，应增加用药次数。以喷雾法而言，雾滴越小，覆盖面越大，雾滴分布越均匀。雾滴一般以每平方厘米上有 20 个雾滴为好。目前生产上推出的小孔径喷片（孔径 0.7～1 毫米）和吹雾器比较适用。施药要求均匀周到，叶子正反面均要着药，尤其蚜虫、红蜘蛛多喷叶背，不能丢行、漏株。炔螨特在高温、高湿条件下，对株高 25 厘米的瓜、豆等作物敏感，稀释浓度不能低于 3000 倍。

（7）坚持农药的合理轮用与混用原则

① 合理轮用 在一个地区长期连续地使用单一品种农药，特别是一些菊酯类杀虫剂和内吸性杀菌剂，容易使有害生物产生抗药性，轮换使用作用机制不同的农药品种，是延缓有害生物产生抗药性的有效方法之一。

② 合理混用 也可以起到多种病虫兼治、药肥兼施、省时省工、增效和防止与延缓病虫产生抗药性的作用。但并不是任何农药都可以任意混用，必须根据农药的理化性质合理地配合使用，否则会使药剂分解失效，乳剂破坏，

产生沉淀，甚至引起作物药害。例如有机磷农药遇碱性物质会很快分解失效；石硫合剂和波尔多液都不能与其他酸性农药混用。拟除虫菊酯类杀虫剂，一般对碱性比较敏感，会在碱性介质中水解。凡是混配后药液物理性状明显变化，都不能混用，以免减效、失效，甚至造成药害。甲霜灵不能与铜制剂混用，腐霉利不能与有机磷混用。农药单剂要现混现用，农药混用时配药液的方法，一般是用足量的水先配好一种单剂的药液，再用这种药液稀释另一种单剂；而不能先混合两种单剂，再用水稀释，以免发生不良反应，包括有效成分的破坏与物理性状的变化。

（8）坚持按指标防治的原则　对防治对象的发生量、发生过程和可能造成的为害程度，应进行必要的调查和有所估计，要讲究防治策略，改变见虫就治、治虫务尽的做法。如番茄棉铃虫防治指标为百株卵量 20～50 粒或百株有 3 龄幼虫 5～13 条。

（9）坚持推广有效低用量原则　保证在药效 90% 的基础上，把单位用药量压低到最经济限度，不但能大大节省农药，降低成本，而且还能使农药防治和生物防治协调起来，有效地保护天敌资源，也可减少人、畜中毒，农作物药害以及环境污染。

（10）掌握配药技术，提高喷药质量的原则　配药时要严格掌握水的稀释倍数，配药用的水要注意质量，应选用清水，不要用污水或碱性重的水配药，以免喷雾器喷头堵塞或降低农药质量，对于用药量较低的高效农药可采用二次扩大法。做到分丘定量，均匀周到。

（11）注意天气变化 为了提高药剂的防治效果，施药时间的选择还应考虑气候条件，如雨天、大风天不能施药；中午气温高、上升气流大时不宜用超低容量喷雾；早晨露水未干时喷粉治虫防效好；见光分解的农药如辛硫磷、敌磺钠、鱼藤铜、氟乐灵要避开强光施药；旱地土壤处理要有一定的湿度；乐果在气温低时，药效差；草甘膦在气温高时，见效快，效果好。硫黄在气温较高的季节应避开中午在早晚施药；天王星在低温下药效期长，宜在春秋施药。

2. 防治的基本方法

药剂防治病虫害，基本方法是喷雾和灌根。

（1）药液喷雾 这种方法主要用于地上茎、叶、花、果病虫害的防治。

（2）药液灌根 这种方法主要用于地下根、茎基部病虫害的防治。虽说有的资料上介绍，喷雾可以防治地下根、茎基部病虫害，但比较而言，还是药液灌根的效果更好。

3. 生物药剂防治病虫害应注意事项

生物药剂的成分是生物菌，作用机理是以菌治菌、以菌治虫，生物菌为活性菌群，因此，在使用方法上，有其与化学药剂不同之处，具体应注意如下事项。

① 不能与化学杀菌剂和碱性杀虫剂混用。

② 用药时间尽可能在上午 10 时前或下午 5 时后，避

免高温强光杀死生物菌。

③ 必须整株正反上下喷药，药效最好。

④ 如果是防治地下害虫和根部病害，应以灌根，浸根，拌麦麸撒施（喷雾）后立即翻土，效果最佳。

⑤ 施用生物药剂后，20 天内不宜施用化学药剂；或先用化学杀菌剂，未满 15 天和未下一场雨后，不要施用生物药剂。

⑥ 具体选用生物杀菌剂和杀虫剂时，应仔细看清农药标识说明，未标识的作物和病虫，先应小面积试用，后推广。

第四节　蔬菜地草害的防除技术

旱地蔬菜的草害，是菜农又一感到棘手的问题，它既是病虫害栖息越冬或越夏的场所，又与蔬菜争夺土壤养分和空间，严重影响作物的产量和质量。

蔬菜草害种类多，其中以禾本科和莎草科为最严重。在生产实践中，草害的防除，一般以播后芽前除草、生长期内选择性除草和无蔬菜等农作物时一扫光除草等三大类。这里介绍这三大类除草方法及药剂选择。

一、播后芽前除草

这种除草，是在播种后出苗前施药，适应于种籽质量较大的蔬菜除草，如空心菜、大蒜、豆类、瓜类、茄果类和十字花科类蔬菜的育苗或撒播种植。

1. 药剂选择

芽前除草的药剂用得较多的主要有都尔、金都尔、乙草胺、丁草胺等，使用方法应按包装标识说明进行操作，因生产厂家不同而使用剂量有异。

2. 基本方法

按包装标识说明，兑水喷雾。

3. 注意事项

采用这种方法除草，应注意以下事项：

① 必须在播种后1天内施药，最迟不超过2天。

② 施药前，土壤必须十分湿润，土壤干燥，除草效果不佳。

③ 莴苣、芹菜等种籽较小的蔬菜，不能使用播后苗前除草剂。

④ 药液浓度及药液剂量必须严格按使用说明进行配置，浓度如果过高，影响发芽率，即使出苗，生长也不良；浓度如果过低，除草效果不好。至于具体浓度，即使是同一药剂名称，因生产厂家不同也有差异，这里不作介绍。

⑤ 喷药后不要松动土壤，否则将失去除草效果。

二、蔬菜生长期内选择性除草

1. 主要药剂与使用方法

这类除草，目前仅限于防除禾本科杂草（禾本科蔬菜如茭瓜、菜用玉米除外），因为蔬菜的种类较多，目前还没有一类药剂既能防除蔬菜生长期内所有杂草又对蔬菜生长没有损伤的。

其使用方法是按包装标识说明，兑水喷雾。

2. 注意事项

这类除草，应注意以下事项：

① 药剂选用禾本科杂草专用药剂，商品药剂有精禾草克、盖草能、精禾喹灵等。

② 其他针对某种蔬菜生长期内的专用除草剂，应在小面积试验后再大面积使用。

三、"一扫光"除草

1. 主要药剂与使用方法

菜地没有所利用的蔬菜或其他有用的农作物时使用，所用药剂有草甘膦、百草枯及其复配剂。

其使用方法是按包装标识说明，兑水喷雾。

2. 注意事项

使用时应注意以下事项：

① 使用后必须将喷雾器反复洗涤 2～3 遍，最好是专用喷雾器。

② 喷药时，一定要选择风向，避免药液飘移至周边作物上而造成损失。

③ 喷药后一定要待地上部杂草枯黄后，再进行土壤翻耕。

四、地膜覆盖除草

1. 地膜选择

地膜覆盖除草，特别是黑色地膜和银黑双面膜，对于需要移栽的蔬菜来讲，是一种较为理想的除草方法，可用于有机蔬菜生产的除草中，应予大力推广。

2. 使用方法

首先是宽幅应超过畦面 40 厘米以上；其次是覆膜前，应将底肥施足，且浇透水；第三是移栽后封严定植孔。

附　录

附录1 蔬菜常用农药合理使用准则

中文通用名	剂型及含量	每亩每次制剂施用量或稀释倍数及施药方法	安全间隔期/天	每季作物最多使用次数
阿维菌素	1.8%乳油	33～50毫升、喷雾	7	1
多杀霉素	2.5%悬浮剂	1000倍液、喷雾	1	1
虫酰肼	20%悬浮剂	1500～2000倍液、喷雾	14	2
茚虫威	15%悬浮剂	3500倍液、喷雾	5	2
虫满腈	10%悬浮剂	33.5～50毫升、喷雾	14	2
氟啶脲	5%乳油	40～60毫升、喷雾	10	1
氟虫脲	5%乳油	40～60毫升、喷雾	10	1
灭蝇胺	75%可湿性粉剂	5000～7500倍液、喷雾	—	2
定虫隆	5%乳油	40～80毫升、喷雾	7	3
伏虫隆	5%乳油	45～60毫升、喷雾	10	2
苏云金杆菌	8000IU/毫克可湿性粉剂	60～100克、喷雾	7	3
苦参碱	0.36%水剂	500～800倍液、喷雾	2	2
球孢白僵菌①	400亿孢子/克可湿性粉剂	750倍液、喷雾	—	
氟氯氰菊酯	5.7%乳油	23.3～29.3毫升、喷雾	7	2
氯氟氰菊酯	2.5%乳油	25～50毫升、喷雾	7	3
顺式氯氰菊酯	10%乳油	5～10毫升、喷雾	3	3
溴氰菊酯	2.5%乳油	20～40毫升、喷雾	2	3
顺式氰戊菊酯	5%乳油	10～20毫升、喷雾	3	3

中文通用名	剂型及含量	每亩每次制剂施用量或稀释倍数及施药方法	安全间隔期/天	每季作物最多使用次数
醚菊酯	10%乳油	30～40毫升、喷雾	7	—
甲氰菊酯	20%乳油	25～30毫升、喷雾	3	3
氰戊菊酯	20%乳油	15～40毫升、喷雾	12	3
氟氨氰菊酯	10%乳油	25～50毫升、喷雾	7	3
毒死蜱	48%乳油	50～75毫升、喷雾	7	3
敌敌畏	80%乳油	100～200克、喷雾	7	3
敌百虫	90%乳油	100克、喷雾	7	2
乐果	40%乳油	50～100毫升、喷雾	7	1
辛硫磷	50%乳油	50～100毫升、喷雾	5	3
		50～100毫升、浇根	17	1
毒死蜱氯氰菊酯	52.25%乳油	1000～1500倍液、喷雾	7	2
噻嗪酮	25%可湿性粉剂	25～50克、喷雾	—	2
吡虫啉	10%乳油	10～20克、喷雾	7	2
抗蚜威	5%可湿性粉剂	10～18克、喷雾	11	3
哒螨灵	15%可湿性粉剂	1000～1500倍液、喷雾	10	1
四聚乙醛	6%颗粒剂	400～544克、喷雾	7	2
百菌清	75%可湿性粉剂	100～120克、喷雾	7	3
	45%烟剂	110～180克、喷雾	3	4
霜脲氰锰锌	72%可湿性粉剂	185.2～231.5克、喷雾	2	3
代森锰锌	80%可湿性粉剂	500～800倍液、喷雾	15	2
	70%可湿性粉剂	500～700倍液、喷雾	7	3
氢氧化铜	77%可湿性粉剂	134～200克、喷雾	3	3
氟硅唑	40%乳油	8000～10000倍液、喷雾	21	2

中文通用名	剂型及含量	每亩每次制剂施用量或稀释倍数及施药方法	安全间隔期/天	每季作物最多使用次数
腐霉利	50%乳油	45～50克、喷雾	1	3
氟菌唑	30%乳油	15～20克、喷雾	2	2
甲霜灵锰锌	58%乳油	75～120克、喷雾	1	3
噁霜灵锰锌	64%乳油	170～200克、喷雾	3	3
多菌灵	50%乳油	500～1000倍液、喷雾	5	2
嘧霉胺	40%乳油	800～1200倍液、喷雾	7	2
甲基硫菌灵	70%可湿性粉剂	1000～1200倍液、喷雾	5	2
枯草芽孢杆菌①	10亿个/克可湿性粉剂	500倍液、喷雾或灌根，原药拌种	2	—
三唑酮	25%可湿性粉剂	35～60克、喷雾	7	2
二甲戊灵	33%乳油	100～150毫升、土壤处理	—	1
异丙甲草胺	72%乳油	100～150毫升、土壤处理	—	1
甲草胺	48%乳油	100～200毫升、土壤处理	—	1
乙草胺	50%乳油	80～200毫升、土壤处理	—	1
敌草胺	25%可湿性粉剂	80～100毫升、喷雾	—	1
精喹禾灵	5%乳油	30～50毫升、喷雾	—	1
精吡氟禾草灵	15%乳油	30～60毫升、喷雾	—	1
草甘膦	30%可溶性粉剂	200克、喷雾	—	1
	10%水剂	500～750毫升、喷雾	—	1
	41%水剂	150～200毫升、喷雾	—	1
复硝酚钠	1.8%水剂	6000～8000毫升、喷雾	7	2

① 为作者添加。

注：摘自 GB 4285 和 GB/T 8321 等。

126

附录 2　常用农药品种与药害敏感的蔬菜作物对照表

农药品种	药物敏感的蔬菜作物种类	注意事项
敌百虫	豆类、瓜类	不宜使用
敌敌畏	豆类、瓜类幼苗	降低浓度
辛硫磷	黄瓜、大白菜、菜豆、玉米	降低浓度
乙酰甲胺磷	菜豆	不宜使用
吡虫啉	豆类、瓜类蔬菜	极敏感、慎用
毒死蜱氯氰菊酯（农地乐）	瓜苗（特别是保护地）	可在瓜蔓 1 米长以后使用
浏阳霉素	十字花科蔬菜	降低浓度
洗衣粉	豆类、瓜类蔬菜	慎用或先试验后用
菌核净	番茄、茄子、辣椒、菜豆、大豆	先试后用
三乙磷酸铝	黄瓜、白菜	降低浓度
双胍三辛烷基苯磺酸盐（百可得）	石刁柏	造成嫩茎轻微弯曲
炔螨特	瓜类、豆类（25 厘米以下苗）	降低浓度
噻嗪酮	白菜、萝卜	不能使用
氯唑磷	种子	施药时勿直接接触种子
毒死蜱	瓜类、莴苣苗期	降低浓度
代森锌	瓜类	蔓长 1 米以后用药
代森铵	瓜类	慎用
乙磷铝	黄瓜、白菜、瓜类幼苗	降低浓度
春雷氧氯铜	豆类、藕等嫩叶	降低浓度
噁霉灵	芹菜	降低浓度
腐霉利	幼苗、白菜、萝卜	降低浓度
灭菌丹	番茄、豆类	降低浓度
多菌灵磺酸盐（溶菌灵）	瓜类幼苗	降低浓度

农药品种	药物敏感的蔬菜作物种类	注意事项
春雷霉素	菜豆、豌豆	降低浓度
丙环唑	大多数蔬菜	植株心叶易变畸形，不用
三唑酮	草莓	慎用
琥胶肥酸铜	瓜类、十字花科蔬菜	降低浓度
波尔多液	番茄、甜椒、瓜类易受石灰伤害	适合用半量式或等量式
	白菜、豆类、莴苣易受铜伤害	适合用倍量式
硫酸铜	白菜、大豆、莴苣、茼蒿	慎用
氢氧化铜	白菜、大豆	高温高湿下慎用
王铜	白菜、大豆	高温高湿下慎用
氧化亚铜	对铜敏感的蔬菜	慎用；高温高湿下慎用
碱式硫酸铜	对铜敏感的蔬菜	慎用
甲酸铜铝	对铜敏感的蔬菜	慎用
混合氨基酸络合铜	白菜、菜豆、芜菁等对铜敏感蔬菜	慎用，或先试后用
复硝酚钠（爱多收）	结球性叶菜	收获前一个月内停用
氟铃脲	十字花科蔬菜	降低浓度
多杀霉素	棚室高温下瓜类、莴苣苗期	降低浓度
石硫合剂	果实采收期	不能使用
	番茄、马铃薯、豆类、葱、姜、甜瓜、黄瓜	降低浓度
硫黄	黄瓜、大豆、马铃薯	降低浓度
咪鲜胺锰络合物（施保功）	西瓜苗期	降低浓度
	蘑菇	收获前10天停用
戊唑醇	花期和坐果期	不能使用
嘧菌环胺	黄瓜、番茄	降低浓度
波尔多液代森锰锌（科博）	黄瓜、辣椒幼苗期	禁用
烯肟菌胺	瓜类苗期	降低浓度

农药品种	药物敏感的蔬菜作物种类	注意事项
氟啶胺	瓜类蔬菜	降低浓度
霜霉威	黄瓜	减少用药次数
二甲戊灵	大葱	降低浓度
敌草胺	胡萝卜、芹菜、茴香、莴苣	不能使用
克草胺	黄瓜、菠菜	慎用
仲丁灵	小葱、菠菜等蔬菜的苗期	不宜使用
氟乐灵	黄瓜、番茄、辣椒、茄子、小葱、洋葱、菠菜、韭菜等直播时，或播种育苗时	不能使用
甲草胺	黄瓜、韭菜、菠菜	不能使用
乙草胺	瓜类、韭菜、菠菜、苋菜①、芹菜①等	慎用
异丙甲草胺	在瓜类及茄果类	降低浓度
	西芹、芜菁	先试后用

① 为作者添加。

附录3　无公害蔬菜生产禁止使用的农药品种

农药类型	农药名称	禁用范围	禁用原因
无机砷杀虫剂	砷酸钙、砷酸铅	所有蔬菜	高毒
有机砷杀虫剂	甲基胂酸锌(稻脚青)、甲基胂酸铵(田安)、福美甲胂、福美胂	所有蔬菜	高残留
有机锡杀菌剂	三苯基氢氧化锡(毒菌锡)、三苯基乙酸锡、三苯基氯化锡、氯化锡	所有蔬菜	高残留、慢性毒性
有机汞杀菌剂	氯化乙基汞(西力生)、乙酸苯汞(赛力散)	所有蔬菜	剧毒、高残留
有机杂环类	敌枯双	所有蔬菜	致畸

农药类型	农药名称	禁用范围	禁用原因
氟制剂	氟化钙、氟化钠、氟化酸钠、氟乙酰胺、氟铝酸钠	所有蔬菜	剧毒、高毒、易产生药害
有机氯杀虫剂	DDT、六六六、林丹、艾氏剂、狄氏剂、五氯酚钠、硫丹	所有蔬菜	高残留
有机氯杀螨剂	三氯杀螨醇	所有蔬菜	工业品含有一定数量的DDT
卤代烷类熏蒸杀虫剂	二溴乙烷、二溴氯丙烷、溴甲烷	所有蔬菜	致癌、致畸
有机磷杀虫剂	甲拌磷、乙拌磷、久效磷、对硫磷、甲基对硫磷、甲胺磷、氧化乐果、治螟磷、杀扑磷、水胺硫磷、磷铵、内吸磷、甲基异硫磷	所有蔬菜	高毒、高残留
氨基甲酸酯杀虫剂	克百威(呋喃丹)、丁硫克百威、丙硫克百威、涕灭威	所有蔬菜	高毒
二甲基甲脒类杀虫杀螨剂	杀虫脒	所有蔬菜	慢性毒性、致癌
拟除虫菊酯类杀虫剂	所有拟除虫菊酯类杀虫剂	所有蔬菜	对鱼虾等高毒性
取代苯杀虫杀菌剂	五氯硝基苯、五氯苯甲醇(稳温醇)、苯菌灵(苯莱特)	所有蔬菜	国外有致癌报道或二次药害
二苯醚类除草剂	除草醚、草枯醚	所有蔬菜	慢性毒性

注：摘自《农药安全使用规定》等。

参 考 文 献

[1] 程秀珍等. 设施蔬菜技术问答. 北京：金盾出版社，2009.

[2] 李燕婷等. 作物叶面施肥技术与应用. 北京：科学出版社，2009.

[3] 张嘉庆等. 绿色之光. 北京：国际文化出版社，1997.

[4] 黄德明等. 蔬菜配方施肥. 北京：中国农业出版社，2001.

[5] 黄见良等. 实用肥料手册. 长沙：湖南科学出版社，1997.

[6] 王就光等. 蔬菜病理学. 北京：农业出版社，1978.

[7] 吕佩珂等. 中国现代蔬菜病虫原色图鉴. 呼和浩特：远方出版社，2008.

[8] 管致和等. 昆虫学通论. 北京：农业出版社，1978.

[9] 何振昌等. 蔬菜昆虫学. 北京：农业出版社，1978.

[10] 王振中等. 蔬菜病虫害实用防治技术. 广州：广东科技出版社，1997.